全国高级技工学校电气自动化设备安装与维修专业

数字电子电路（第二版）习题册

郭赟　主编

中国劳动社会保障出版社

简　介

本习题册为全国高级技工学校电气自动化设备安装与维修专业教材《数字电子电路（第二版）》的配套用书。本习题册按照教材章节顺序编写，内容紧扣教学要求，知识点分布均衡，题型丰富多样，习题难易适中，有助于学生复习巩固所学知识。

本习题册由郭赟任主编，郑宏参与编写。

图书在版编目（CIP）数据

数字电子电路（第二版）习题册/郭赟主编. --北京：中国劳动社会保障出版社，2023
全国高级技工学校电气自动化设备安装与维修专业
ISBN 978-7-5167-6183-0

Ⅰ.①数…　Ⅱ.①郭…　Ⅲ.①数字电路-技工学校-习题集　Ⅳ.①TN79-44

中国国家版本馆CIP数据核字（2023）第221312号

中国劳动社会保障出版社出版发行
（北京市惠新东街1号　邮政编码：100029）
*
三河市华骏印务包装有限公司印刷装订　　新华书店经销

787毫米×1092毫米　16开本　5印张　117千字
2023年11月第1版　　2023年11月第1次印刷
定价：11.00元

营销中心电话：400-606-6496
出版社网址：http://www.class.com.cn
http://jg.class.com.cn

目 录

第一章　数字电路基础

§1-1　数字信号与数字电路

一、填空题（将正确答案填在横线上）

1. 数字信号是指在时间上和数值上都是________的信号。数字信号只有两种离散值，常用______和______两个数字来表示输入和输出信号的状态。

2. 数字信号具有________________、________________、______________和______________________的优点。

3. 数字电路大致包含数字信号的产生与________、________、________、________和________等典型单元数字电路。

4. 在数字电路中，正逻辑体制规定用______表示高电平，用______表示低电平。

二、判断题（正确的打“√”，错误的打“×”）

1. 在数字信号中，0 和 1 表示两个不同的数值。（　　）

2. 模拟信号与数字信号的主要区别是幅度的取值是否离散。（　　）

3. 时间和幅度都断续的信号是数字信号，语音信号不是数字信号。（　　）

4. 模数转换器（A/D）可将传感器转换得到的模拟信号转换成控制系统所需要的数字信号；数模转换器（D/A）可将数字信号转换为模拟信号，驱动执行元件工作。（　　）

三、选择题（将正确答案的序号填在括号内）

1. 离散的、不连续的信号，称为（　　）。

A. 模拟信号　　B. 数字信号　　C. 变化信号　　D. 恒值信号

2. 增加数字电路中数字的位数，即可相应提高电路的（　　）。

A. 电压　　B. 输出速度　　C. 抗干扰能力　　D. 精度

3. 数字信号和模拟信号的不同之处是（　　）。

A. 数字信号在数值上不连续，时间上连续，而模拟信号则相反

B. 数字信号在数值上连续，时间上不连续，而模拟信号则相反

C. 数字信号在数值、时间上均不连续，而模拟信号则相反

D. 数字信号在数值、时间上均连续，而模拟信号则相反

§1-2　数制与码制

一、填空题（将正确答案填在横线上）

1. 数制是指计数的________。在不同的数制中，数码的________、进位的方式和________的方法各不相同。

2. 使用数码的个数叫________。在二制数中，只使用了______、______两个数码，所以________是 2，计数规律是“____________”。

3. 十进制数有 10 个数码，基数为______，十进制数的计数规律是“____________”。

4. 八进制数共有______个数码，基数为______，计数规律是“____________”；十六进制数共有______个数码，基数为______，计数规律是“______________”。

5. 二进制数转换为八进制数的方法是从______位开始，每______位为一组，若不足______位，在高位用“0”补足______位即可，将每组的二进制数用一个等值的八进制数码代替，按顺序排列即为八进制数。二进制转换为十六进制的方法同二进制数转换为八进制数，主要区别是每______位为一组，将每组的二进制数用一个等值的十六进制数码代替。

6. 不同的编码方式称为________。一个二进制数有______和______两个代码，可表示两个信息，n 位二进制代码可以表示______个不同的信息。

7. BCD 码主要有________、________、________、__________和__________，其中__________和__________是无权码。

8. 格雷码的特点是相邻两个代码间只有______位数不同，它是一种______码，在数字处理中可降低出错的可能性，所以格雷码常用于____________的设备中。

9. 十进制数 68 的二进制数是________，8421BCD 码是________，余 3 码是________。

10. 二进制数 11011110 表示的十进制数是______，相应的 8421BCD 码是____________。

11. 2421BCD 码具有________性，10 个代码中有______对反码。

二、判断题（正确的打“√”，错误的打“×”）

1. 用二进制数 0 和 1 可以表示任意数量的大小，也可以表示两种不同的逻辑状态。（ ）

2. 8 位二进制数可以表示的最大十进制数为 256。（ ）

3. 八进制数 $(20)_8$ 比十进制数 $(18)_{10}$ 大。（ ）

4. 十进制数 $(9)_{10}$ 比二进制数 $(10)_2$ 小。（ ）

5. 十进制数 $(9)_{10}$ 与十六进制数 $(9)_{16}$ 相等。（ ）

6. 二进制数 $(1101)_2$ 比八进制数 $(7)_8$ 大。（ ）

7. 二进制数 110101 的 8421BCD 码为 01010011。（ ）

8. 8421BCD 码 1001 比 0001 大。（ ）

9. 8421BCD 码 0110 比余 3 码 1001 小。（ ）

10. 0100 与 1000 属于格雷码。（ ）

11. 8421BCD 码比余 3 码多 011。（ ）

三、选择题（将正确答案的序号填在括号内）

1. 1 位十六进制数可以用（ ）位二进制数来表示。

A. 1　　B. 2　　C. 4　　D. 16

2. 十进制数 25 用 8421BCD 码可表示为（ ）。

A. 10101　　B. 00100101　　C. 100101　　D. 100101

3. 以下代码中为无权码的是（ ）。

A. 8421BCD 码　　B. 5421BCD 码　　C. 2421BCD 码　　D. 格雷码

4. 以下代码为有权码的是（ ）。

A. 8421BCD 码　　B. 奇偶校验码　　C. 余 3 码　　D. 格雷码

5. （多选）以下数或代码与十进制数 $(53)_{10}$ 等值的是（　　）。

A. $(01010011)_{8421BCD}$　　B. $(35)_{16}$

C. $(110101)_2$　　D. $(65)_8$

6. 最常用的 BCD 码是（　　）。

A. 奇偶校验码　　B. 格雷码　　C. 8421 码　　D. 余 3 码

7. （　　）是下列四个数中最大的。

A. $(AF)_{16}$　　B. $(001010000010)_{8421BCD}$

C. $(10100000)_2$　　D. $(198)_{10}$

8. 将代码 $(10000011)_{8421BCD}$ 转换成二进制数是（　　）。

A. $(01000011)_2$　　B. $(01010011)_2$

C. $(10000011)_2$　　D. $(000100110001)_2$

四、综合题

1. 完成下列数制转换

（1）$(101011)_2$ = $(\qquad)_{10}$

（2）$(3E)_{16}$ = $(\qquad)_{10}$

（3）$(56)_8$ = $(\qquad)_{10}$

（4）$(8)_{10}$ = $(\qquad)_2$

（5）$(100010001)_2$ = $(\qquad)_8$ = $(\qquad)_{16}$

（6）$(157)_{10}$ = $(\qquad)_2$

（7）$(10110010)_2$ = $(\qquad)_8$ = $(\qquad)_{16}$

（8）$(35)_8$ = $(\qquad)_2$ = $(\qquad)_{10}$ = $(\qquad)_{16}$ = $(\qquad)_{8421BCD}$

（9）$(5E)_{16}$ = $(\qquad)_2$ = $(\qquad)_8$ = $(\qquad)_{10}$ = $(\qquad)_{8421BCD}$

（10）$(01111000)_{8421BCD}$ = $(\qquad)_2$ = $(\qquad)_8$ = $(\qquad)_{10}$ = $(\qquad)_{16}$

（11）$(1101101)_2$ = $(\qquad)_{10}$ = $(\qquad)_{16}$ = $(\qquad)_{8421BCD}$

2. 将下列各数制数转换成十进制数。

（1）110011B

（2）423Q

（3）2ADH

3. 将二进制数 10011101110 转换为八进制数；将八进制数 271 转换为二进制数。

4. 将二进制数 1110111001 转换为十六进制数；将十六进制数 4B3C 转换为二进制数。

§1-3 逻辑门电路

一、填空题（将正确答案填在横线上）

1. 基本的门电路有______门、______门和______门三种，由这三种基本门电路可以组合成________门电路，例如与非门是由______门和______门组成的复合门电路。

2. 一个班级中有五个班委委员，如果要开班委会，必须这五个班委委员全部同意才能召开，其关系属于______逻辑。

3. 要封锁一个或门（即输出恒为高电平），可将其中一个输入端接______电平；要封锁一个与门（即输出恒为低电平），可将其中一个输入端接______电平。

4. 集电极开路与非门的英文缩写为_________门，工作时必须与电源 V_{CC} 间加一个_____________。

5. 多个 OC 门输出端并联到一起可实现________的功能。

6. TS 门称为________门，具有__________状态，__________状态和________状态。与普通与非门相比多了一个________端。主要用于实现多个数据或信号________传输，总线可以是________传输，也可以是________传输。

7. TTL 电路中的 OC 门和 TS 门输出端_________并联使用，其他 TTL 电路输出端__________并联，否则不仅会造成逻辑混乱，还可能会造成器件________。

8. TTL 与非门的电压传输特性曲线分为_________区、_________区、_________区和________区。

9. TTL 与非门的阈值电压的典型值约为______V。

10. 国产 TTL 集成电路主要有______、______两大系列，其中______系列为军用产品，______系列为民用产品。LS 型是________________型，市场占有率最高。国产 CMOS 集成电路主要有 4000 系列和高速系列。CMOS 电路的突出优点是________低，抗干扰能力强。

11. TTL 与非门输入端通过电阻 R 接地时，若 $R<680\ \Omega$，相当于接______电平；若 $R>2.5\ k\Omega$，相当于接______电平。

12. TTL 与非门输入端接地相当于接______电平，输入端悬空，相当于接______电平。一般情况下，为防止受外界干扰 TTL 与非门多余输入端不允许________。

13. TTL 电路输出端__________直接接电源或接地。

14. TTL 与门、与非门的多余输入端应接______电平，或门、或非门的多余输入端应接______电平。

15. CMOS 电路的多余输入端不能________，否则电路将受干扰，不能正常工作。

16. CMOS 电路输出端不允许直接与______或______连接。

17. 为了有良好的静电屏蔽，CMOS 集成电路应存放在_______________。

18. CMOS 电路断电时，应先撤__________，后断________；装接电路、改变电路连接或插接电路板时，均应____________，严禁带电操作；焊接电路时，电烙铁功率不得大于______W，电烙铁外壳要良好接地，最好利用电烙铁的________快速焊接。

19. TTL 电路与 CMOS 电路连接时，主要考虑两个问题：一是要求____________；二是要求____________。

20. 用 TTL 电路驱动 CMOS 电路时，为了实现电平匹配，常在 TTL 电路输出端与电源之间接一个________电阻 R。几个相同功能的 CMOS 电路并联使用时，其输入端________，输出端________。

二、判断题（正确的打“√”，错误的打“×”）

1. 逻辑电路中，一律用“1”表示高电平，用“0”表示低电平。 ( )
2. 与门的逻辑功能是“有 1 出 1，全 0 出 0”。 ( )
3. 逻辑与表示逻辑乘。 ( )
4. 输入是“1”，输出也是“1”的电路，实质上是反相器。 ( )
5. 输入全是“1”时输出为“1”的电路，是与门电路。 ( )
6. 逻辑“1”大于逻辑“0”。 ( )
7. 基本逻辑门电路是构成数字逻辑电路的基础。 ( )
8. 异或门的逻辑功能是“相同出 0，不同出 1”。 ( )
9. 常用的门电路中，判断两个输入信号是否相同的门电路是与非门。 ( )
10. TTL 与非门的多余输入端可以接固定高电平。 ( )
11. 当 TTL 与非门的输入端悬空时相当于输入为逻辑 1。 ( )
12. 普通逻辑门电路的输出端不可以并联在一起，否则可能会损坏器件。 ( )
13. CMOS 或非门与 TTL 或非门的逻辑功能完全相同。 ( )
14. 三态门的三种状态分别为高电平、低电平、不高不低电平。 ( )
15. 一般 TTL 电路的输出端可以直接相连，实现线与。 ( )
16. TTL 或非门的多余输入端应该接高电平或悬空。 ( )

三、选择题（将正确答案的序号填在括号内）

1. （多选）逻辑变量的取值 1 和 0 可以表示（ ）。

A. 开关的闭合、断开　　B. 电位的高、低

C. 真与假　　D. 电流的有、无

2. 符合或逻辑关系的表达式是（ ）。

A. 1 + 1 = 2　　B. 1 + 1 = 10　　C. 1 + 1 = 1　　D. 1 + 1 = 0

3. 符合真值表表 1 – 1 逻辑功能的是（ ）门电路。

A. 与　　B. 或　　C. 非　　D. 与非

表 1 – 1　真值表

A	B	P
0	0	0
1	1	1
1	0	1
0	1	1

4. 符合真值表表 1 - 2 逻辑功能的是（　　）门电路。

A. 与　　　　B. 或　　　　C. 非　　　　D. 与非

表 1 - 2　真值表

A	B	P
1	0	1
0	0	1
0	1	1
1	1	0

5. 图 1 - 1 所示四个电路中，不论输入信号 A、B 为何值，输出恒为 1 的电路是（　　）。

A.
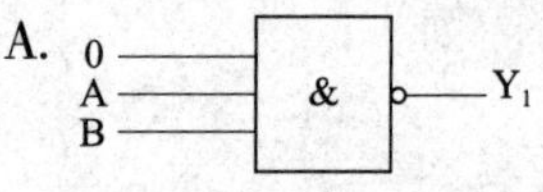

B.
0
1
A
B
&
Y_2

C.
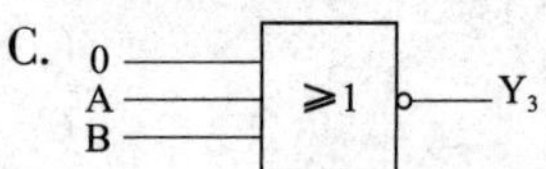

D.
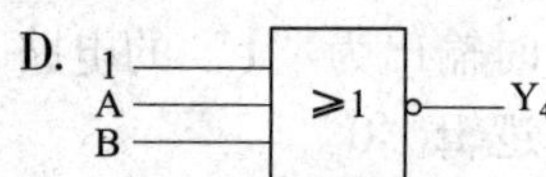

图 1 - 1

6. 在（　　）的情况下，与非门运算的结果是逻辑 0。

A. 全部输入是 0　　　　B. 任一输入是 0

C. 仅一输入是 0　　　　D. 全部输入是 1

7. 在（　　）的情况下，或非门运算的结果是逻辑 0。

A. 全部输入是 0　　　　B. 全部输入是 1

C. 任一输入是 0，其他输入是 1　　　　D. 任一输入是 1

8. 满足图 1 - 2 所示输入输出关系的门电路是（　　）门。

A. 与　　　　B. 或　　　　C. 与非　　　　D. 非

9. 满足图 1 - 3 所示输入输出关系的门电路是（　　）门。

A. 与　　　　B. 或　　　　C. 与非　　　　D. 非

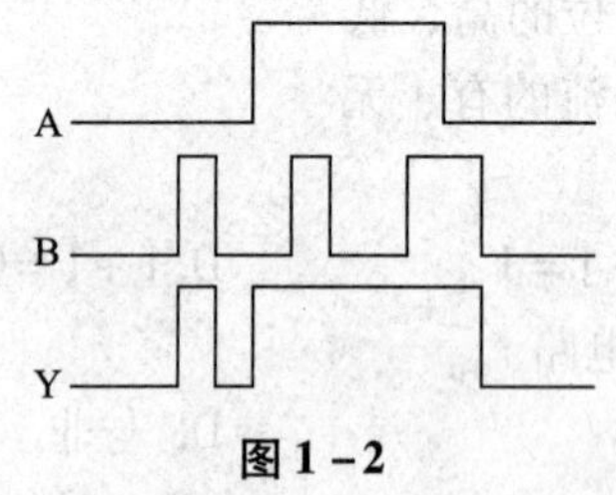

图 1 - 2

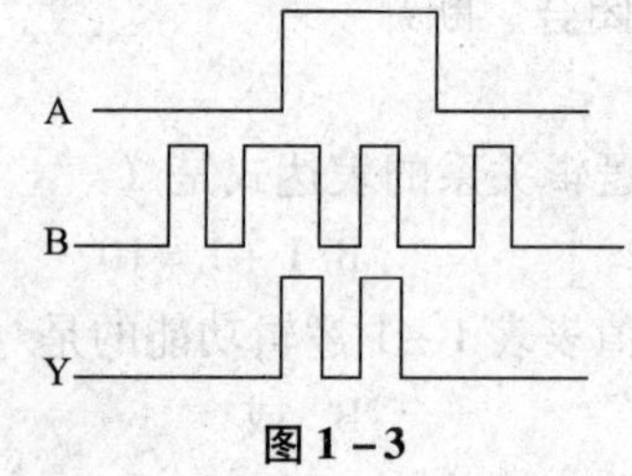

图 1 - 3

10. 满足与非门逻辑关系的输入、输出波形是图 1 - 4 中的（　　）。

A.
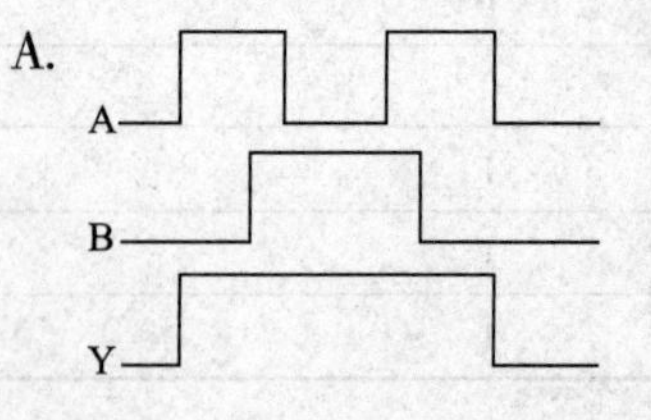

B.

C.
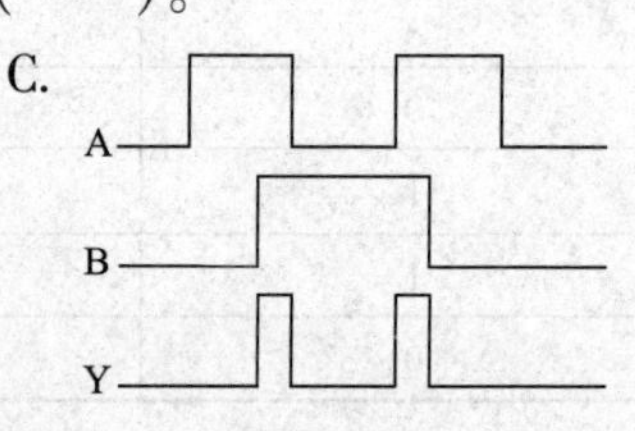

图 1 - 4

11. 下面几种逻辑门电路中，只允许有两个输入端的是（　　）。

A. 异或门　　B. 或非门　　C. 与非门　　D. 与或非门

12. 当 A = B = 0 时，能实现 Y = 1 的逻辑运算是（　　）。

A. $Y = A \cdot B$　　B. $Y = A + B$　　C. $Y = A \oplus B$　　D. $Y = \overline{A + B}$

13. 下列表达式中正确的是（　　）。

A. $1 \cdot 0 = 1$　　B. $1 + 0 = 0$　　C. $1 + A = A$　　D. $1 + 1 = 1$

14. 一个两输入端的门电路，当输入为 1 和 0 时，输出不是 1 的是（　　）。

A. 与非门　　B. 或门　　C. 或非门　　D. 异或门

15. 下列关于异或运算的式子中，不正确的是（　　）。

A. $A \oplus A = 0$　　B. $A \oplus \overline{A} = 0$　　C. $A \oplus 0 = A$　　D. $A \oplus 1 = \overline{A}$

16. 三态门输出高阻状态时，（　　）是正确的说法。

A. 用电压表测量指针不动　　B. 相当于悬空

C. 电压不高不低　　D. 测量电阻指针不动

17. 以下电路中常用于总线应用的有（　　）门。

A. TS　　B. OC　　C. 漏极开路　　D. CMOS 与非

18. 在图 1 – 5 所示的各 TTL 门电路中，Y = 0 的是（　　）。

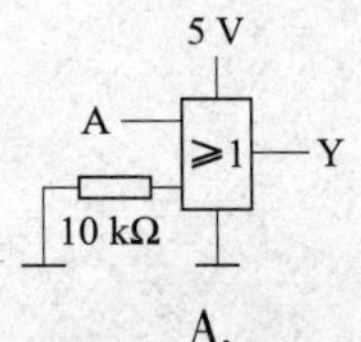

A.

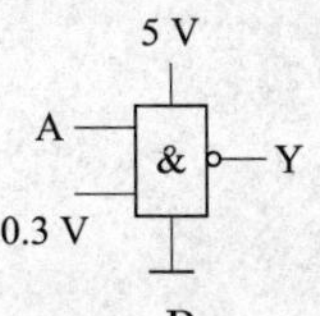

B.

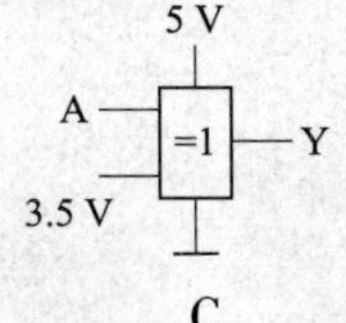

C.

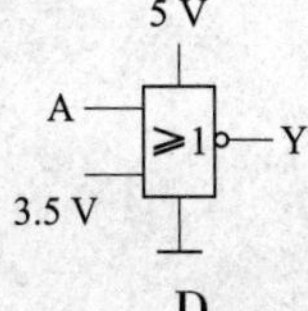

D.

图 1 – 5

19. 下列说法不正确的是（　　）。

A. 集电极开路的门电路称为 OC 门

B. 三态门输出端有可能出现三种状态（高阻态、高电平、低电平）

C. OC 门输出端直接连接可以实现正逻辑的线或运算

D. 利用三态门电路可实现双向传输

20. 相同为 0，不同为 1，它的逻辑关系是（　　）。

A. 与逻辑　　B. 或逻辑　　C. 异或逻辑　　D. 同或逻辑

四、综合题

1. 试列举与逻辑、或逻辑以及非逻辑的应用实例各一个。

2. 对应图 1 -6 所示的各种情况，分别画出 F 的波形。

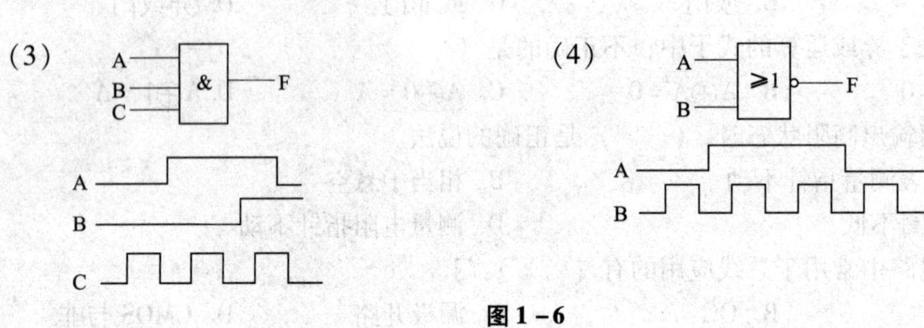

图 1 -6

3. 根据图 1 -7 所示门电路输入端 A、B、C 的电压波形，分别画出与门电路输出端 Y 的电压波形和与非门电路输出端 Y′的电压波形。

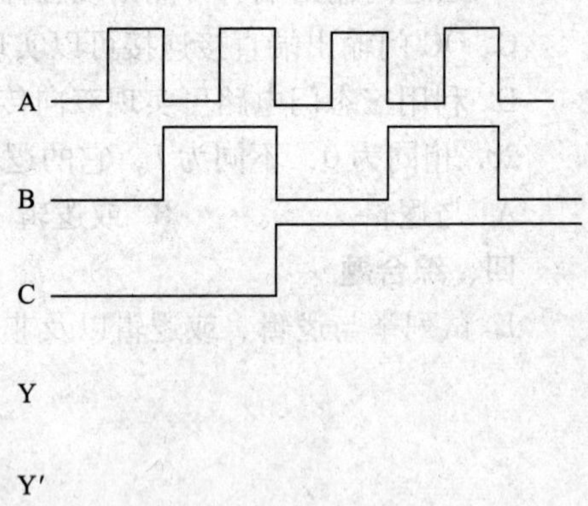

图 1 -7

4. 与非门、或非门的多余输入端应如何处理？

5. TTL 与非门按图 1－8 所示方式连接，试将其输出信号的逻辑电平填入括号内。

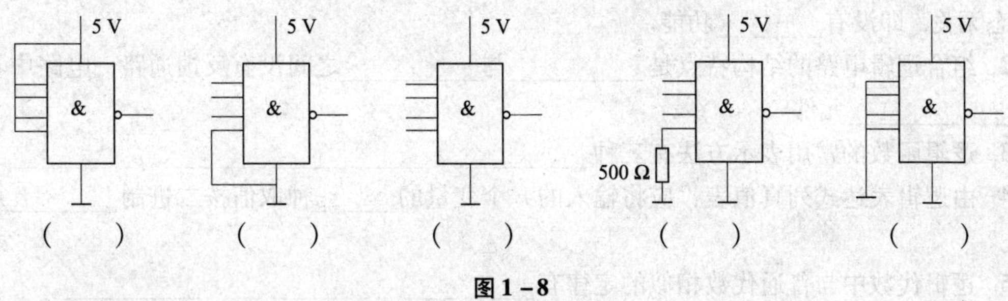

图 1－8

6. 使用 OC 门时是否需要外接其他元件？几个 OC 门同时使用，输出端是否允许短接？

7. 判断图 1－9 所示各电路接法的对错，对的打"√"，错的打"×"。（除特殊说明外，均为 TTL 电路）

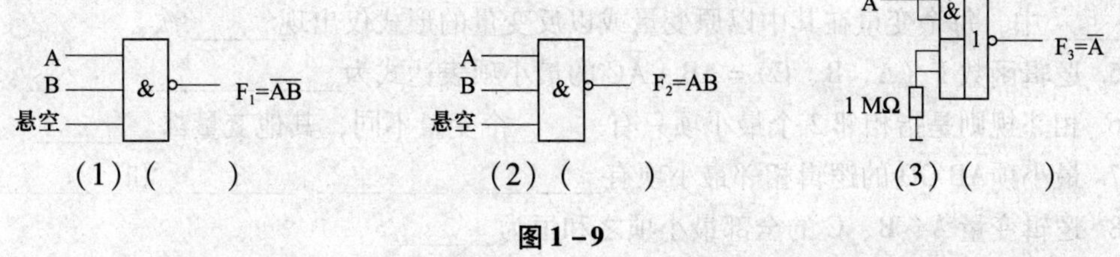

图 1－9

第二章　组合逻辑电路

§2－1　组合逻辑电路基础知识

一、填空题（将正确答案填在横线上）

1. 组合逻辑电路的输出在任何时候只取决于同一时刻的________状态，而与电路________的状态无关，即没有________功能。

2. 组合逻辑电路的结构特点是__________与__________之间没有反馈通路，电路中不存在______________元件。

3. 逻辑函数的常用表示方法有三种__________、__________________、__________。

4. 由逻辑表达式列真值表，应将输入的 n 个变量的______种取值按二进制________规律列表。

5. 逻辑代数中与普通代数相似的定律有__________、__________、__________。

6. 逻辑函数 $F=A+\overline{A}B$ 可化简为________。

7. 逻辑代数的基本规则有____________、____________和____________三种。

8. 逻辑函数 $F=AB+\overline{CD}$ 的反函数为____________，对偶式为____________。

9. 逻辑函数 $F=A\overline{B}+\overline{A}B$ 的对偶函数 $F'=$____________。

10. 逻辑函数 $F=\overline{ABCD}+A+B+C+D=$______。

11. 逻辑函数 $F=\overline{A\overline{B}+\overline{A}B+\overline{AB}+AB}=$______。

12. 逻辑表达式化简的最终目标是表达式所含__________的个数最少，且每个乘积项中所含________的个数最少。

13. 由真值表写逻辑表达式，先找出真值表中所有函数值为______的变量组合，将每组输入变量的组合对应一个__________，其中等于 1 的写______变量，等于 0 的写______变量，最后将其__________相加，即得逻辑函数表达式。

14. 卡诺图中所谓的最小项是指（1）有 n 个变量，则最小项就有______个因子；（2）各__________中，每个变量在其中以原变量或以反变量的形式仅出现______次。

15. 逻辑函数 F（A、B、C）$=AB+\overline{A}C$ 的最小项表达式为______________。

16. 相邻规则是指相邻 2 个最小项只有______个变量不同，其他变量都________。

17. 最小项 $\overline{A}B\overline{C}D$ 的逻辑相邻最小项有________、________、________和________。

18. 逻辑变量 A、B、C 的全部最小项之和恒为______。

19. 用卡诺图化简逻辑函数，2 个相邻的最小项，可消去______个变量，4 个相邻项，可消去______个变量，8 个相邻项可消去______个变量。

20. 用卡诺图化简逻辑函数，画圈时，最小项可以重复被包围，但在新画的包围圈中必须至少有______个未被圈过的最小项。由于圈法不同，逻辑函数化简的结果______________。

二、判断题（正确的打“√”，错误的打“×”）

1. 具有记忆功能的电路不是组合逻辑电路。（ ）
2. 组合逻辑电路只有多输出端没有单输入端。（ ）
3. 异或函数与同或函数在逻辑上互为反函数。（ ）
4. 若两个函数具有相同的真值表，则两个逻辑函数必然相等。（ ）
5. 逻辑代数又称为布尔代数，是研究逻辑电路的数学工具。（ ）
6. 在逻辑代数中，$1+1+1=3$。（ ）
7. 若 $A\cdot B=A+B$，则 $A=B$。（ ）
8. 若 $A+B=A+C$，则 $B=C$。（ ）
9. 若$\overline{A+B}=\overline{A\cdot B}$，则 $A=B$。（ ）
10. 若 $A+B=A+C$ 且 $AB=AC$ 则 $B=C$。（ ）
11. 逻辑函数 $Y=A\overline{B}+\overline{A}B+\overline{B}C+B\overline{C}$是最简与或表达式。（ ）
12. 任何一个逻辑表达式经化简后，其最简式一定是唯一的。（ ）
13. 任何一个逻辑电路，其输入和输出状态的逻辑关系都可用逻辑函数式表示；反之，任何一个逻辑函数式总可以用逻辑电路与之对应。（ ）

三、选择题（将正确答案的序号填在括号内）

1. 三个逻辑变量的取值组合共有（ ）种。

A. 4　　B. 8　　C. 16　　D. 32

2. 以下变量 A、B、C 的取值组合中，不能使逻辑函数 $Y=\overline{A}\cdot B+\overline{C}=1$ 的是（ ）。

A. 000　　B. 010　　C. 111　　D. 100　　E. 110

3. 在（ ）的情况下，与非运算的结果是逻辑 0。

A. 全部输入是 0　　B. 任意一个输入是 0

C. 仅一个输入是 0　　D. 全部输入是 1

4. 在（ ）的情况下，或非运算的结果是逻辑 0。

A. 全部输入是 0　　B. 全部输入是 1

C. 任意一个输入为 0，其他输入为 1　　D. 任意一个输入为 1

5. 已知逻辑函数 $F=\overline{A}\cdot\overline{B}+AB$，能使函数值为 1 的 A、B 取值组合是（ ）。

A. 00、11　　B. 01、11　　C. 10、01　　D. 10、10

6. 以下变量 A、B、C 的取值组合中，能使逻辑函数 $Y=\overline{A}C+\overline{A}B+\overline{B}C=0$ 的是（ ）。

A. 000　　B. 001　　C. 010　　D. 111

7. 以下变量 A、B、C、D 的取值组合中，能使图 2–1 所示逻辑图输出为“1”的是（ ）。

A. 0000　　B. 0101

C. 1110　　D. 1111

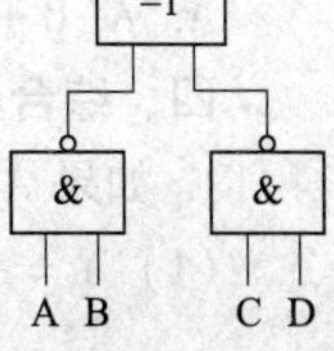

图 2–1

8. 下列逻辑表达式中，不正确的是（ ）。

A. $A\cdot 0=A$　　B. $A+0=A$

C. $A\cdot 1=A$　　D. $A\cdot\overline{A}=0$

9. 下列逻辑表达式中，正确的是（ ）。

A. $A\overline{A}=0$　　B. $A\overline{A}=1$　　C. $A\overline{A}=\overline{A}$　　D. $A\overline{A}=A$

10. 下列逻辑表达式中，正确的或逻辑式是（　　）。

A. $A+\overline{A}=1$　　B. $A+\overline{A}=0$　　C. $A+\overline{A}=A$　　D. $A+\overline{A}=\overline{A}$

11. 以下逻辑表达式中，符合逻辑运算法则的是（　　）。

A. $C\cdot C=C^2$　　B. $1+1=10$　　C. $0<1$　　D. $A+1=1$

12. 下列逻辑表达式中，正确的是（　　）。

A. $\overline{A}+\overline{B}=\overline{A}\,\overline{B}$　　B. $\overline{A}+\overline{B}=\overline{A+B}$　　C. $\overline{A}+\overline{B}=\overline{AB}$　　D. $A+0=0$

13. 逻辑表达式 A + A，简化后的结果是（　　）。

A. 2A　　B. A　　C. 1　　D. A^2

14. 逻辑表达式 $F=\overline{ABC}$可变换为（　　）。

A. $F=A+B+C$　　B. $F=\overline{A}+\overline{B}+\overline{C}$　　C. $F=\overline{A}\,\overline{B}\,\overline{C}$　　D. $F=\overline{A}+\overline{B}+C$

15. 逻辑表达式 $Y=\overline{E+F+G}$可以写成（　　）。

A. $Y=\overline{E}+\overline{F}+\overline{G}$　　B. $Y=\overline{E}\cdot\overline{F}\cdot\overline{G}$　　C. $Y=\overline{EFG}$　　D. $Y=E+F+G$

16. A、B、C 均为逻辑变量，A + BC 等于（　　）。

A. AB + AC　　B. $A+(\overline{B}+\overline{C})$

C. （A + B）（A + C）　　D. A

17. 与逻辑表达式 $\overline{A}+ABC$ 相等的是（　　）。

A. BC　　B. 1 + BC　　C. A　　D. $\overline{A}+BC$

18. 下列逻辑表达式中属于与非式的是（　　）。

A. $F=\overline{A}\cdot\overline{B}$　　B. $F=\overline{ABC}$　　C. $F=\overline{AB}\cdot\overline{C}$　　D. $F=A\cdot\overline{BC}$

19. 逻辑表达式 $Y=ABC+\overline{A}C+\overline{B}C$ 的最简式为（　　）。

A. Y = C　　B. $Y=BC+\overline{A}C+\overline{B}C$

C. $Y=ABC+\overline{A}C+\overline{B}C$　　D. Y = 1

20. 逻辑表达式 $Y=ABC+\overline{A}+\overline{B}+\overline{C}$的逻辑值为（　　）。

A. ABC　　B. 0　　C. 1　　D. $\overline{ABC}$

21. 逻辑表达式 $F=A\oplus(A\oplus B)$ =（　　）。

A. B　　B. A　　C. $A\oplus B$　　D. $\overline{\overline{A}\oplus B}$

22. 两个不同的最小项进行与运算的结果等于（　　）。

A. 0　　B. 1

C. 0 或 1　　D. 这两个最小项或运算的结果

23. 若逻辑函数 $E=A\oplus B$，$F=A\odot B$，则它们的函数关系满足（　　）。

A. E = F　　B. E = F + 1　　C. $E=\overline{F}$　　D. $E=F\odot 1$

24. $\overline{Y}=A+BC$ 的原函数 Y =（　　）。

A. A(B + C)　　B. $\overline{A}\,\overline{B}+\overline{C}$　　C. $\overline{A}(\overline{B}+\overline{C})$　　D. $(\overline{A}+\overline{B})(\overline{A}+\overline{C})$

四、综合题

1. 如果 A = 1，B = 0，C = 0，求下列逻辑表达式的值。

（1）$Y=A+\overline{B}C$

（2）$Y = A\overline{BC}$

（3）$Y = A(\overline{B} + C)$

（4）$Y = \overline{\overline{A}B + A\overline{C}}$

2. 指出下列逻辑表达式中，当 A、B、C 取什么值时，F = 1。

（1）$F = \overline{A}B + AC$

（2）$F = A + B\overline{C}\ (A + B)$

（3）$F = \overline{A}B + ABC + \overline{A} \cdot \overline{B} \cdot \overline{C}$

3. 逻辑电路如图 2 - 2 所示，写出其逻辑表达式并列出真值表。

（1）

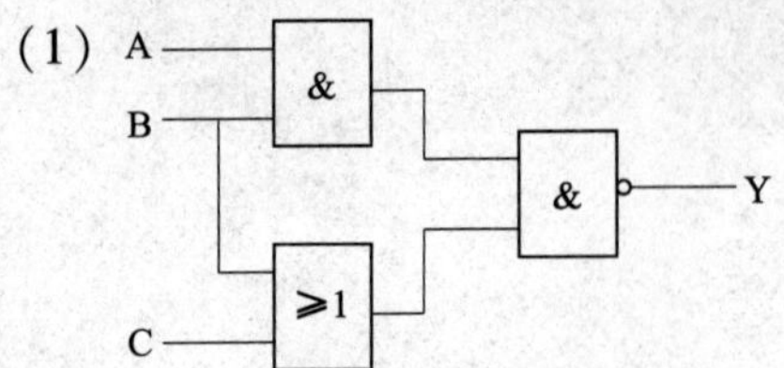

（2）

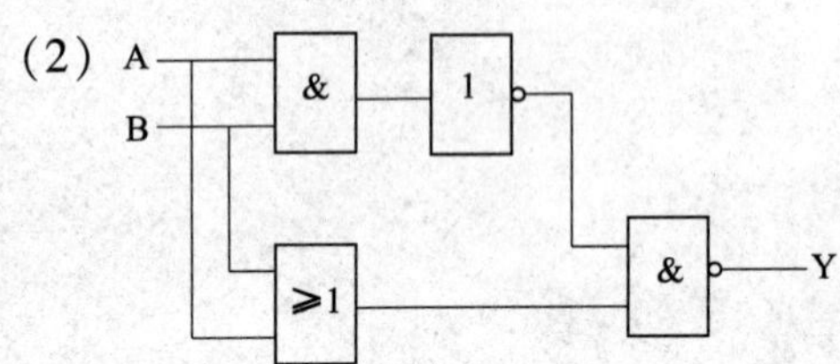

（3）

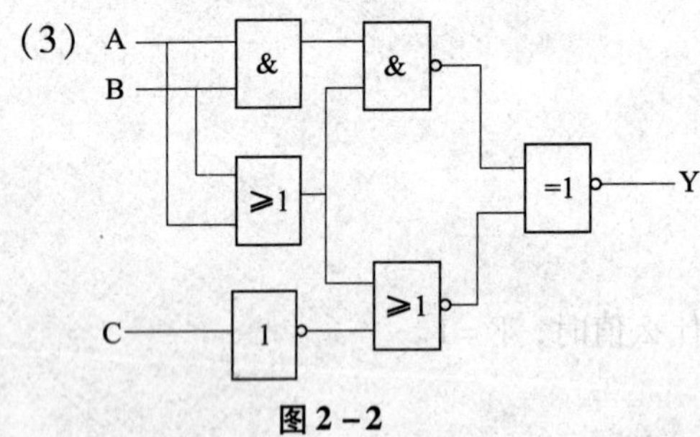

图 2 - 2

4. 根据图 2 – 3 所示门电路及其输入电压波形画出输出电压波形。

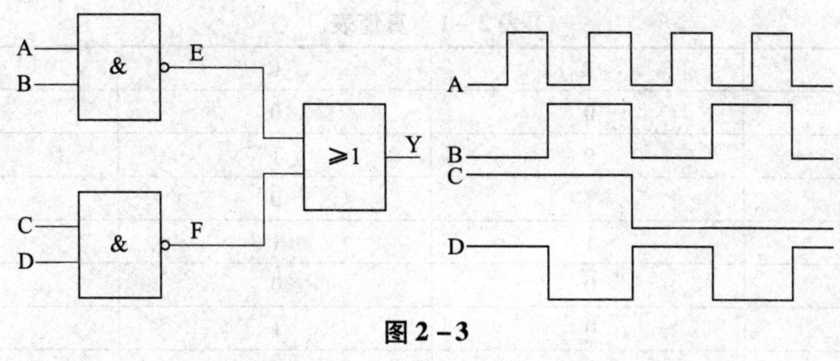

图 2 – 3

5. 根据下面给出的逻辑表达式，画出逻辑图。

（1） $Y=\overline{AB+CD}$

（2） $Y=\overline{(A+B)(C+D)}$

（3） $Y=\overline{AB}\oplus(A+B)$

6. 根据真值表（表 2－1）写出逻辑表达式，并化简函数画出其逻辑图。

表 2－1　真值表

A	B	C	Y
0	0	0	0
0	0	1	1
0	1	0	1
0	1	1	0
1	0	0	0
1	0	1	1
1	1	0	0
1	1	1	1

7. 用真值表证明下列等式。

（1）$\overline{A+B+C}=\overline{A}\cdot\overline{B}\cdot\overline{C}$

（2）$(A\oplus B)\oplus C=A\oplus(B\oplus C)$

(3) $\overline{A}B+A\overline{B}=(\overline{A}+\overline{B})(A+B)$

8. 用公式法将下列逻辑表达式化简为最简与或式。

(1) $F=AB+A\overline{B}$

(2) $F=(A+B)\ A\overline{B}$

(3) $F=\overline{A}B+AB\overline{C}+\overline{B}\cdot\overline{C}$

(4) $F=\overline{A}B+ABC+\overline{A}\,\overline{B}C$

(5) $F=A\overline{B}C+\overline{A}+B+\overline{C}$

(6) $F=\overline{\overline{(A+B+C)}+\overline{(AB+AC)}}$

9. 用公式法证明下列等式。

（1） $ABC+\overline{A}\,\overline{B}\,\overline{C}=\overline{\overline{A}B+\overline{B}C+\overline{C}A}$

（2） $AB+\overline{A}\,\overline{B}=\overline{(A+B)\ (\overline{A}+\overline{B})}$

10. 将下列逻辑表达式化简为最小项表达式。

（1） $Y=\overline{A}BC+AC+\overline{B}C$

（2） $Y=S+\overline{R}Q$

（3） $Y=J\overline{Q}+\overline{K}Q$

（4） $F=(A+\overline{B})C+\overline{A}B$

（5） $F=A\overline{C}+\overline{A}B+BC$

11. 用卡诺图法化简下列逻辑表达式。

（1） $F=\overline{A}B+B\overline{C}+\overline{B}\,\overline{C}$

（2）$F = AC + ABD + BC + BD$

§2－2　组合逻辑电路的分析和设计

一、填空题（将正确答案填在横线上）

1. 分析组合逻辑电路，首先根据给定的逻辑电路图找出其________与输入之间的逻辑关系，得出________________。若表达式较复杂，应将其化简为最简表达式，以便判断其____________，必要时还可借助__________或__________来判断电路的逻辑功能。

2. 设计组合逻辑电路，首先根据提出的实际问题确定__________变量和__________变量，把实际问题归纳为逻辑问题列出__________，然后由__________写出________表达式并对表达式进行________，根据所使用的器件对表达式进行变换，最后根据变换得到的表达式画出逻辑电路图。

二、选择题（将正确答案的序号填在括号内）

1. 分析组合逻辑电路的目的是要得到（　　）。

A. 逻辑电路图　　B. 逻辑电路功能　　C. 逻辑函数表达式　D. 逻辑电路真值表

2 设计组合逻辑电路的目的是要得到（　　）。

A. 逻辑电路图　　B. 逻辑电路功能　　C. 逻辑函数表达式　D. 逻辑电路真值表

三、综合题

1. 分析图 2－4 所示两个逻辑电路的逻辑功能是否相同？写出其逻辑表达式，并列出真值表。

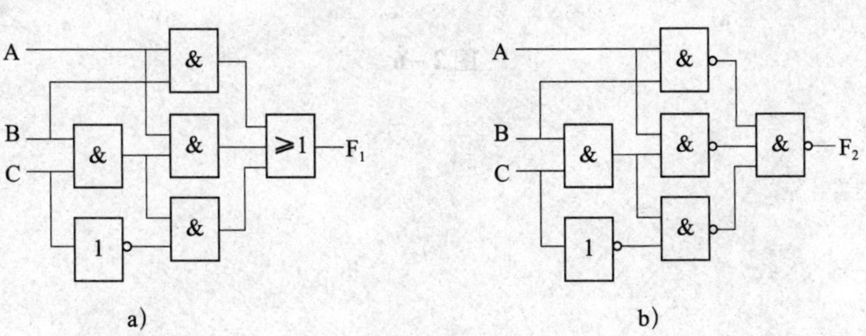

图 2－4

2. 写出图 2－5 所示各电路输出信号的逻辑表达式，说明电路的逻辑功能。

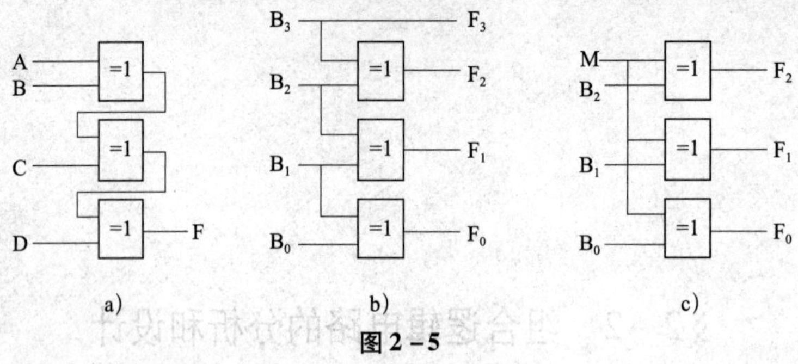

图 2－5

3. 分析图 2－6 所示两个逻辑电路，写出逻辑表达式，列出真值表，说明两个电路的逻辑功能是否相同。

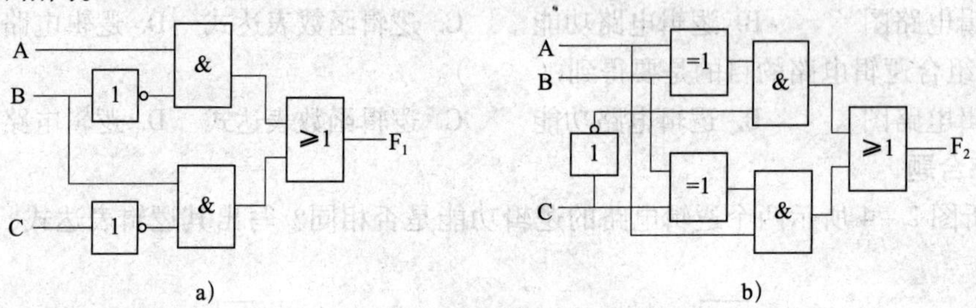

图 2－6

4. 写出图 2－7 所示电路输出信号的逻辑表达式，说明电路的逻辑功能。

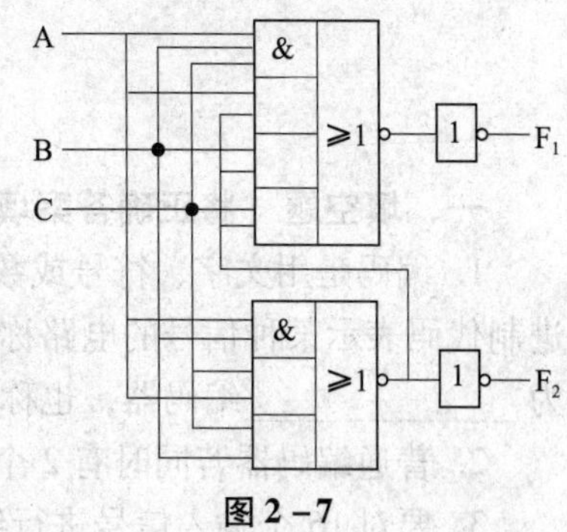

图 2－7

5. 有 3 个班的学生上自习，大教室能容纳 2 个班的学生，小教室能容纳 1 个班的学生，设计 2 个教室是否开灯的逻辑控制电路，要求如下：

（1）1 个班的学生上自习，开小教室的灯。

（2）2 个班的学生上自习，开大教室的灯。

（3）3 个班的学生上自习，2 个教室都开灯。

§2-3　编码器

一、填空题（将正确答案填在横线上）

1. 编码是用文字、符号或数字表示特定对象的过程，实现编码的电路称为编码器。用二进制代码表示某种信号的电路称为__________编码器。将十进制数编成二进制代码的电路称为______________编码器，也称____________编码器。

2. 普通编码器若同时有 2 个及以上输入同时为有效信号时，输出将出现________ 编码。

3. 要对 16 个输入信号进行编码，至少需要________二进制数码。

4. 优先编码器当有多个信号同时输入时，只对________________的一个进行编码。

5. 8 线—3 线优先编码器 74LS148，其有______个输入端，______个输出端。

6. 用两片 74LS148 进行级联，可组成____________优先编码器。

7. 二—十进制编码器是将________________编成______________的电路。

二、选择题（将正确答案的序号填在括号内）

1. 8 输入端的编码器按二进制数编码时，输出端的个数是（　　）个。

A. 2　　B. 3　　C. 4　　D. 8

2. 当 74LS148 的输入端 $\overline{I}_0 \sim \overline{I}_7$ 按顺序输入 11011101 时，输出 $\overline{Y}_0 \sim \overline{Y}_2$ 为（　　）。

A. 101　　B. 010　　C. 001　　D. 110

3. 若编码器中有 50 个编码对象，则输出二进制代码位数为（　　）位。

A. 5　　B. 6　　C. 10　　D. 50

4. 8 线—3 线优先编码器 74LS148，8 条数据输入线 $\overline{I}_0 \sim \overline{I}_7$ 中 $\overline{I}_7$ 优先级别最高，当对 $\overline{I}_7$ 进行编码时，其输出线 $\overline{Y}_2$、$\overline{Y}_1$、$\overline{Y}_0$ 的值是（　　）。

A. 000　　B. 010　　C. 111　　D. 100

5. 对键盘上 108 个符号进行二进制编码，至少要（　　）位二进制数码。

A. 10　　B. 8　　C. 7　　D. 6

三、综合题

1. 设计一个 4 线—2 线编码器。

2. 将 8 线—3 线优先编码器 74HC148 扩展成 16 线—4 线优先编码器，要求输入信号和输出信号均为低电平有效，并且有低电平有效的工作状态标志。没有编码输入时，输出为 0000。

§2-4 译码器和显示器

一、填空题（将正确答案填在横线上）

1. 把某种输入________转换成相应________的过程称为译码，能实现译码功能的电路称为译码器。

2. 有 3 个输入端的译码器，最多可译码出______路输出信号。

3. n 个输入代码，若构成完全译码器，则有______个输出信号；若构成部分译码器，则输出信号数______2^n。

4. BCD 七段译码器输入的是______位__________码，输出有______个。属于__________译码器。

5. 3 线—8 线译码器输入二进制代码 $A_2A_1A_0=101$ 时，对应输出端输出______电平，其余输出端均输出高电平。

6. 七段 LED 有__________、__________两种，其中__________与输出高电平有效的译码器匹配，__________与输出低电平有效的译码器匹配。

二、判断题（正确的打“√”，错误的打“×”）

1. 编码与译码是互逆的过程。（　）
2. 液晶显示器的优点是功耗极小、工作电压低。（　）
3. 电子手表常采用分段式数码显示器。（　）
4. 七段数码显示器是用 a ~ g 七个发光段来组合构成二进制数的。（　）
5. 显示译码器主要由译码器和驱动电路组成。（　）
6. 译码器输出的是数字。（　）
7. 共阴接法发光二极管数码显示器需选用有效输出为高电平的七段显示译码器来驱动。（　）

8. 二进制译码器相当于是一个最小项发生器，便于实现组合逻辑电路。（　　）

9. 编码器能将特定的输入信号变换为二进制代码，而译码器能将二进制代码变换为特定含义的输出信号，所以编码器与译码器的使用是可逆的。（　　）

四、选择题（将正确答案的序号填在括号内）

1. 可输入 n 位二进制代码的二进制译码器其输出端的个数为（　　）个。

A. n^2　　B. n　　C. 2^n　　D. $2n$

2. 为使 74LS138 能够正常工作，其使能输入端 ST_A、$\overline{ST_B}$、$\overline{ST_C}$ 的电平应为（　　）。

A. 110　　B. 100　　C. 111　　D. 011

3. 用 74LS138 译码器实现多路输出逻辑函数，需要增加若干个（　　）。

A. 非门　　B. 与非门　　C. 或门　　D. 或非门

4. 1 位 8421BCD 码译码器的数据输入线与译码输出线的组合是（　　）。

A. 4∶16　　B. 4∶10　　C. 1∶10　　D. 4∶1

5. 74LS138 中规模集成电路是（　　）译码器。

A. 3 线—8 线　　B. 4 线—10 线　　C. 二—十进制　　D. 2 线—4 线

6. 用 3 线—8 线译码器 74LS138 和辅助门电路实现逻辑函数 $Y = A_2 + \overline{A_2}\,\overline{A_1}$，应采用（　　）。

A. 与非门，$Y = \overline{\overline{Y_0}\,\overline{Y_1}\,\overline{Y_4}\,\overline{Y_5}\,\overline{Y_6}\,\overline{Y_7}}$　　B. 与门，$Y = \overline{Y_2}\,\overline{Y_3}$

C. 或门，$Y = \overline{Y_2} + \overline{Y_3}$　　D. 或门，$Y = \overline{Y_0} + \overline{Y_1} + \overline{Y_4} + \overline{Y_5} + \overline{Y_6} + \overline{Y_7}$

7. 若 4 线—10 线译码器的输出状态只有 $Y_2 = 0$，其余均为 1，则它的输入状态为（　　）。

A. 0011　　B. 1000　　C. 0010　　D. 1001

8. 七段显示译码器的输出 $Y_a \sim Y_g$ 为 0010010 时，可显示数（　　）。

A. 9　　B. 5　　C. 2　　D. 0

9. 七段显示译码器是指（　　）的电路。

A. 将二进制代码转换成 0～9 的十进制数

B. 将 BCD 码转换成七段显示字形信号

C. 将 0～9 的十进制数转换成 BCD 码

D. 将七段显示字形信号转换成 BCD 码

10. 已知 74LS138 译码器的三个使能控制端 $ST_A = 1$，$\overline{ST_B} = \overline{ST_C} = 0$，地址码 $A_2A_1A_0 = 011$，则输出 $\overline{Y_7} \sim \overline{Y_0}$ 为（　　）。

A. 11111101　　B. 10111111　　C. 11110111　　D. 11111111

11. TTL 集成电路 74LS138 是 3 线—8 线译码器，低电平有效，若其输入 $A_2A_1A_0 = 101$，则输出由高位到低位为（　　）。

A. 00100000　　B. 110111111　　C. 11110111　　D. 00000100

五、综合题

1. 3 线—8 线译码器 74LS138 的真值表见表 2－2，图 2－8 所示为 74LS138 和与非门构成的逻辑电路。

（1）写出其逻辑函数表达式。

（2）列出真值表。

（3）说明其逻辑功能。

表 2-2　74LS138 真值表

输入					输出							
S_1	$\overline{S}_2+\overline{S}_3$	A_2	A_1	A_0	$\overline{Y}_7$	$\overline{Y}_6$	$\overline{Y}_5$	$\overline{Y}_4$	$\overline{Y}_3$	$\overline{Y}_2$	$\overline{Y}_1$	$\overline{Y}_0$
1	0	0	0	0	1	1	1	1	1	1	1	0
1	0	0	0	1	1	1	1	1	1	1	0	1
1	0	0	1	0	1	1	1	1	1	0	1	1
1	0	0	1	1	1	1	1	1	0	1	1	1
1	0	1	0	0	1	1	1	0	1	1	1	1
1	0	1	0	1	1	1	0	1	1	1	1	1
1	0	1	1	0	1	0	1	1	1	1	1	1
1	0	1	1	1	0	1	1	1	1	1	1	1
0	×	×	×	×	1	1	1	1	1	1	1	1
×	1	×	×	×	1	1	1	1	1	1	1	1

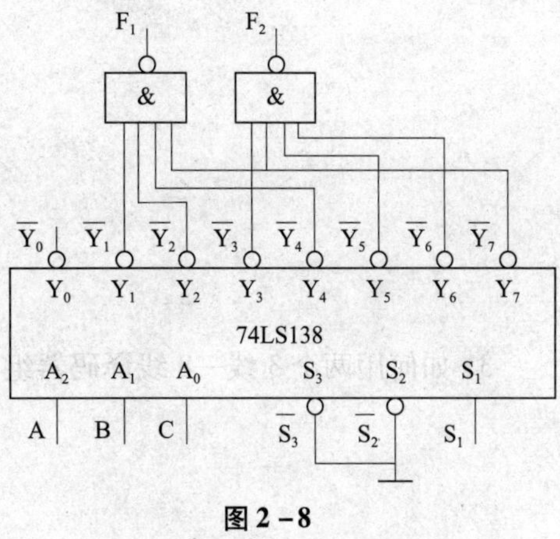

图 2-8

2. 用 3 线—8 线译码器 74LS138 和门电路实现以下逻辑函数。

（1） $Y = \overline{AB} + AB\overline{C}$

（2） $Y = AB + AC + BC$

（3） $Y = \overline{(A + B)(\overline{A} + C)}$

3. 如何用两个 3 线—8 线译码器组合成一个 4 线—16 线译码器？

§2－5　数据选择器和分配器

一、填空题（将正确答案填在横线上）

1. 数据选择器又称____________或多路选择开关，其功能相当于多个输入的__________开关，它在____________作用下，能从多路输入数据中选择其中一路将其传送至公共输出端。

2. 一个8选1的数据选择器有______个数据输入端，______个地址输入（选择控制）端。

3. 对于2^n选一的数据选择器，有______个数据输入端，______个地址选择端，______个输出端。

4. 74LS153是__________数据选择器，74LS151是__________数据选择器。

5. 对74LS153，要保证其正常工作，$1\overline{S}$、$2\overline{S}$应接______电平。

6. 对74LS151，要保证其正常工作，$\overline{S}$应接______电平。

7. 对74LS151，若$A_2A_1A_0=000$时，Y =__________。若$A_2A_1A_0=111$时，Y =__________。

8. 用具有n位地址输入端的数据选择器，可产生输入变量数不大于______的组合逻辑电路。

9. 数据分配器又称____________或反向多路开关，其功能与____________相反，它是在______________的作用下，将________输入数据传送至________设备的输出端。

10. 数据分配器实质上就是带使能端的二进制集成__________。

11. 一个1路—8路的数据分配器有______个输入端，______个数据输出端，______个地址输入（选择控制）端。

12. 译码器74LS139作为数据分配器使用时，使能端$\overline{ST_C}$作为____________，二进制代码输入端作为______________。

二、判断题（正确的打"√"，错误的打"×"）

1. 用4选1数据选择器不能实现3变量的逻辑函数。（　　）

2. 数据选择器和数据分配器的功能正好相反，互为逆过程。（　　）

3. 数据选择器根据地址码的不同从多路输入数据中选择其中一路数据输出。（　　）

4. 数据分配器把二进制代码作为数据输入端，把使能端作为地址输入端。（　　）

三、选择题（将正确答案的序号填在括号内）

1. 16选1数据选择器的地址输入端有（　　）个。

A. 2　　B. 3　　C. 4　　D. 5

2. 8选1数据选择器的数据输入端有（　　）个。

A. 1　　B. 2　　C. 3　　D. 8

3. 4选1数据选择器的数据输出Y与数据输入X_i和地址码A_i之间的逻辑表达式为Y =（　　）。

A. $\overline{A_1}\,\overline{A_0}X_0+\overline{A_1}A_0X_1+A_1\overline{A_0}X_2+A_1A_0X_3$　　B. $\overline{A_1}\,\overline{A_0}X_0$

C. $\overline{A_1}A_0X_1$　　D. $A_1A_0X_3$

4. 以下器件中加以适当辅助门电路，适于实现单输出组合逻辑电路的是（　　）。

A. 二进制译码器　　B. 数据选择器　　C. 数值比较器　　D. 七段显示译码器

5. 多路数据分配器可以直接由（　　）来实现。

A. 编码器　　B. 译码器　　C. 多路数据选择器　　D. 多位加法器

6. 8 路数据分配器，其地址输入端有（　　）个。

A. 1　　B. 2　　C. 3　　D. 4　　E. 8

7. 能将一路输入数据送到多路输出指定通道上的器件是（　　）。

A. 数据分配器　　B. 数据选择器　　C. 数值比较器　　D. 编码器

8. 从多路输入数据中选择一个数据输出的器件是（　　）。

A. 数据分配器　　B. 数据选择器　　C. 数值比较器　　D. 编码器

9. 16 路数据选择器的地址输入（选择控制）端有（　　）个。

A. 16　　B. 2　　C. 4　　D. 8

四、综合题

1. 用 8 选 1 数据选择器 74LS151 实现逻辑函数 $L = AB + BC + AC$。

2. 由 8 选 1 数据选择器 74LS151 构成的电路如图 2－9 所示，写出 L 的最简逻辑表达式。

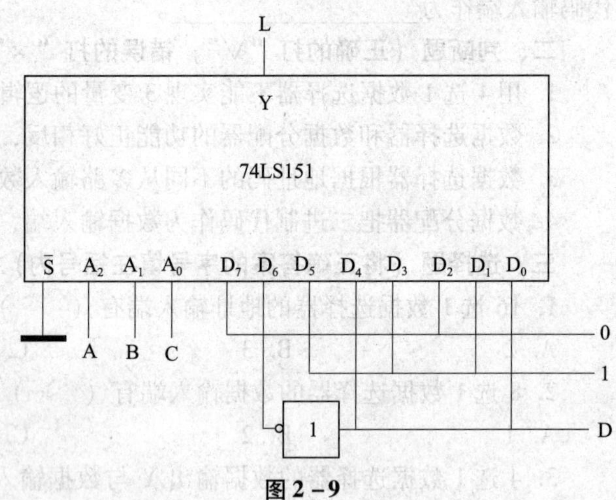

图 2－9

§2－6　加法器

一、填空题（将正确答案填在横线上）

1. 两个1位二进制数相加无________进位的加法器，称为__________，其逻辑符号为

__________________________；两个1位二进制数相加的同时，还要加上从________送来的

进位，称为__________，其逻辑符号为__________________________。

2. 全加器有________、__________和从________送来的__________三个输入信号，以及______和______________________两个输出信号。

3. 和4位串行进位加法器相比，使用4位超前进位加法器的目的是__________。

4. 串行进位加法器，进位信号是由________向高位传送，最低位全加器的进位端接0。

5. 多位加法器的进位方式有____________和____________两种。

6. 8位二进制串行进位加法器由______个全加器组成，可完成____________二进制数相加。

二、选择题（将正确答案的序号填在括号内）

1. 半加器的输出端与输入端的逻辑关系是（　　）。

A. 与非　　B. 或非　　C. 异或　　D. 同或

2. 以下说法错误的是（　　）。

A. 数字比较器可以比较数字大小

B. 实现两个1位二进制数相加的电路叫全加器

C. 实现两个1位二进制数和来自低位的进位相加的电路叫全加器

D. 编码器可分为普通全加器和优先编码器

三、综合题

1. 仿照全加器的设计方法，设计一个全减器。

2. 试用四位二进制加法器 74LS283 实现两位十进制数的 8421BCD 码到余 3 码的转换。

§2－7　数值比较器

一、填空题（将正确答案填在横线上）

1. 数值比较器是对两个位数________的二进制数进行比较，以判定其大小的器件。

2. 两个二进制数 A、B 进行比较，首先从________开始比较。如果 $A_i > B_i$，则________，电路可直接输出结果；如果最高位相等，则对__________进行比较，依次逐级进行，直至比较出结果。

3. 74LS85 是常用的 4 位二进制集成数值比较器，它有______个数码输入端、______个级联输入端和______个级联输出端。

4. 数值比较器输入二进制数 A＝1111 和 B＝1101 时，它们的比较结果是______。

二、综合题

用 4 位数值比较器 74LS85 实现 16 位数值比较。

第三章　时序逻辑电路

§3－1　RS 触发器

一、填空题（将正确答案填在横线上）

1. 在数字电路中，任何时刻电路的输出只取决于该时刻电路各输入变量的取值，这样的电路称为______________。

2. 时序逻辑电路的输出状态不仅与______________有关，还与电路________有关，在输入信号消失后，时序电路能________该信号对电路的影响。时序电路与组合电路结构上的区别在于时序电路中接有__________单元。

3. 常用触发器按逻辑功能分为______触发器、______触发器、______触发器、______触发器和______触发器。

4. RS 触发器结构最为简单，它是构成各种复杂结构触发器的______。

5. 触发器有______个稳定状态，存储 4 位二进制信息要______个触发器。

6. 通常规定触发器 Q 端的状态为触发器状态，如 Q＝0，$\overline{Q}$＝1 时称为触发器______态；Q＝1，$\overline{Q}$＝0 时称为触发器______态。

7. 基本 RS 触发器中 $\overline{R}$ 端、$\overline{S}$ 端为电平触发端。$\overline{R}$ 端触发时，触发器状态为______态，因此 $\overline{R}$ 端称为________端，或________端；$\overline{S}$ 端触发时，触发器状态为______态，因此 $\overline{S}$ 端称为________端，或________端。$\overline{R}$ 和 $\overline{S}$ 不能同时为______。

8. 同步 RS 触发器在正常工作时，不允许输入 R＝S＝1 的信号，因此它的约束条件是________。

9. 时钟脉冲只决定触发器状态转换的________，而触发器为何种状态要受触发器____________的控制，触发脉冲结束后，其状态将____________。

10. 同步 RS 触发器在____________作用下，可完成与基本 RS 触发器一样的逻辑功能。

11. 同步 RS 触发器中，$\overline{R}_D$ 称为________端，$\overline{S}_D$ 端称为________端。

12. 在一个 CP 脉冲作用下，引起触发器两次或多次翻转的现象称为触发器的________，利用________触发器可解决该问题。按触发方式不同可分为______________和______________两种。

二、判断题（正确的在括号中打“√”，错误的打“×”）

1. 触发器复位后，其两个输出端均为 0。（　）

2. 触发器与组合电路两者都没有记忆功能。（　）

3. 基本 RS 触发器既可由两个与非门交叉耦合构成，也可由两个或非门交叉耦合构成。（　）

4. 基本 RS 触发器要受时钟脉冲控制。（　）

5. Q^{n+1}表示触发器原来所处的状态，即现态。（　）

6. 由与非门组成的基本 RS 触发器在 $\overline{R}=0$，$\overline{S}=0$ 时，触发器置 1。（　　）

7. 基本 RS 触发器在 $\overline{R}=1$，$\overline{S}=1$ 时，可认为输入端悬空，没有加入输入信号，此时具有记忆功能。（　　）

8. 基本 RS 触发器与同步 RS 触发器的逻辑功能均为置 0、置 1 和保持。（　　）

9. 同步 RS 触发器的 $\overline{R}_D$、$\overline{S}_D$ 端不受时钟脉冲控制就能置 0 或置 1。（　　）

10. 同步 RS 触发器存在空翻现象，而边沿触发器克服了空翻。（　　）

三、选择题（将正确答案的序号填在括号内）

1. 以下表述正确的是（　　）。

A. 组合逻辑电路和时序逻辑电路都具有记忆功能

B. 组合逻辑电路和时序逻辑电路都没有记忆功能

C. 组合逻辑电路有记忆功能，而时序逻辑电路没有记忆功能

D. 组合逻辑电路没有记忆功能，而时序逻辑电路有记忆功能

2. 存储 8 位二进制信息需要（　　）个触发器。

A. 2　　B. 3　　C. 4　　D. 8

3. 触发器工作时，时钟脉冲主要是作为（　　）信号。

A. 输入　　B. 清零　　C. 抗干扰　　D. 控制

4. 触发器电路中，利用 $\overline{S}_D$ 端、$\overline{R}_D$ 端可以预先将触发器（　　）。

A. 置 1　　B. 置 0　　C. 置 1 或置 0　　D. 没有任何用处

5. 同步 RS 触发器如图 3－1 所示。当时钟脉冲 CP＝1 时，为使触发器的状态保持不变（$Q^{n+1}=Q^n$），两个输入端应为（　　）。

A. R＝S＝0　　B. R＝S＝1　　C. R＝1，S＝0　　D. R＝0，S＝1

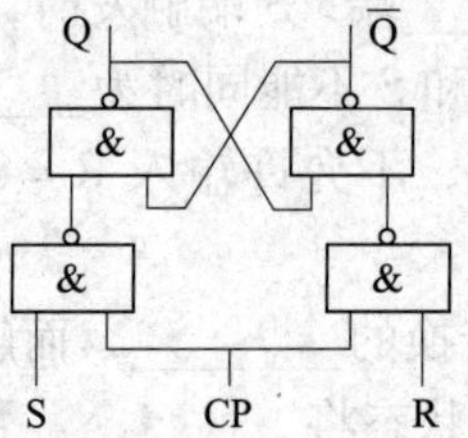

图 3－1

6. 同步 RS 触发器在 CP＝1 期间，当 RS 同时由（　　）变化时，会出现状态不定的情况。

A. 10→00　　B. 11→00　　C. 00→11　　D. 10→01

7. 对于同步 RS 触发器，若要求其输出保持“0”状态不变，则输入信号 RS 应为（　　）。

A. RS＝X0　　B. RS＝0X　　C. RS＝X1　　D. RS＝1X

8. 同步 RS 触发器的初始状态为 Q＝0，若要求其状态翻转到 Q＝1，则 CP、R、S 端信号应为（　　）。

A. R＝S＝0　CP＝1　　B. R＝1　S＝C　CP＝1

C. R＝0　S＝1　CP＝1　　D. R＝0　S＝1　CP＝0

9. 下列触发器，能克服空翻现象的是（　　）。

A. 基本 RS 触发器　　B. 同步 RS 触发器

C. 边沿触发器　　　　　　　　　　　　　D. 以上触发器均可

四、综合题

1. 由与非门组成的基本 RS 触发器，设初态为 0，当在其 $\overline{R}$ 和 $\overline{S}$ 端分别施加如图 3－2a 和图 3－2b 所示波形时，画出其相应 Q 端的波形。

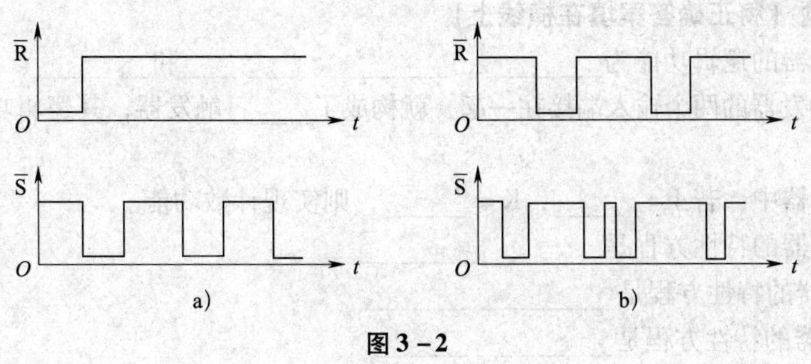

图 3－2

2. 根据图 3－3 所示时钟脉冲及输入信号 S、R 的波形，画出同步 RS 触发器 Q 端的波形。

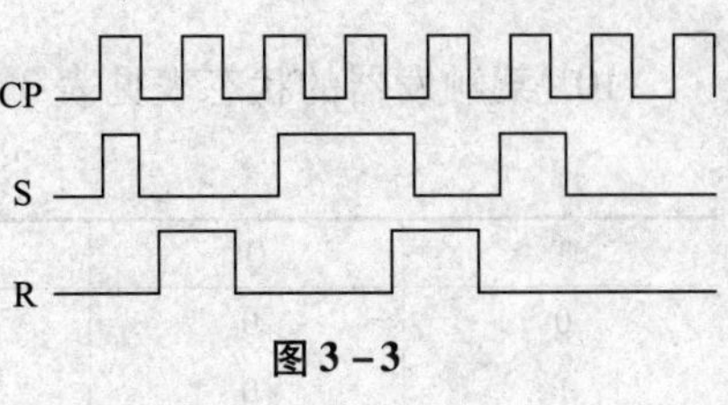

图 3－3

§3-2 JK 触发器

一、填空题（将正确答案填在横线上）

1. JK 触发器的逻辑功能为________、________、________和________。

2. 将 JK 触发器的两个输入端接在一起，就构成了______触发器，其逻辑功能为________和________。

3. JK 触发器中，若 J = ______，K = ______，则实现计数功能。

4. JK 触发器的特性方程是________________。

5. T 触发器的特性方程是________________。

6. T′触发器的特性方程是________________。

7. 对于 T 触发器，若初态为 $Q^n=0$，欲使次态 $Q^{n+1}=1$，则输入 T = ______。

8. 图 3-4 所示电路，设触发器的初态为 0，在 $\overline{CP}$ 作用后，其次态 Q^{n+1} = ______。

9. 图 3-5 所示电路，设触发器的初态为 1，在 CP 作用后，其次态 Q^{n+1} = ______。

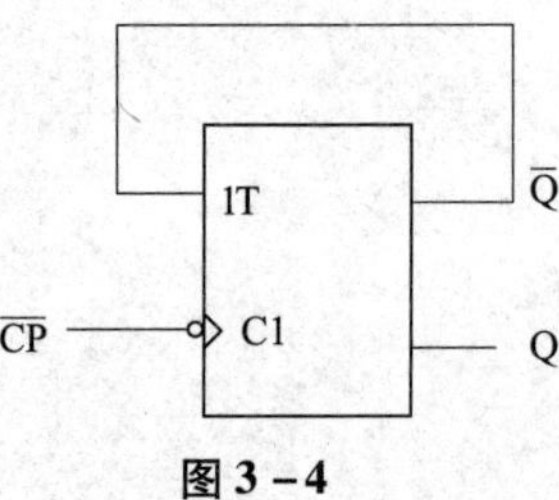

图 3-4

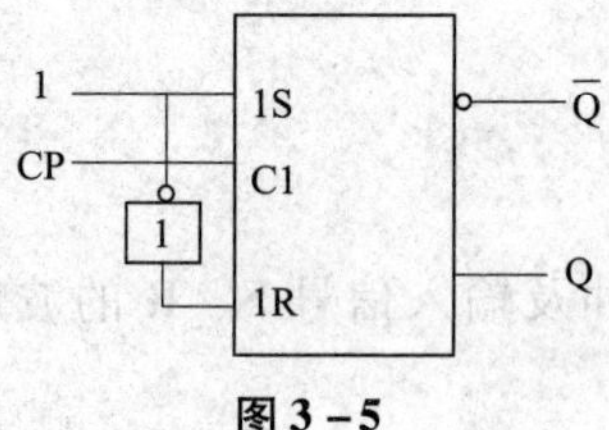

图 3-5

10. 某触发器的状态表见表 3-1，该触发器为______触发器。

表 3-1　状态表

T	Q^n	Q^{n+1}	T	Q^n	Q^{n+1}
0	0	0	0	1	1
1	0	1	1	1	0

二、判断题（正确的在括号中打“√”，错误的打“×”）

1. 用 JK 触发器可构成多种类型的触发器。（　　）

2. 边沿 JK 触发器在 CP 为高电平期间，当 J = K = 1 时，其状态会翻转一次。（　　）

3. 边沿 JK 触发器在 CP = 1 期间，J、K 端输入信号变化对 Q 端输出状态不会有影响。（　　）

4. T′触发器具有保持和取反两个功能。（　　）

5. T′触发器与 T 触发器具有相同的逻辑功能。（　　）

三、选择题（将正确答案的序号填在括号内）

1. 功能最齐全、通用性最强的触发器是（　　）。

A. RS 触发器　　　　B. JK 触发器　　　　C. T 触发器　　　　D. D 触发器

2. JK 触发器不具备（　　）功能。

A. 置 0　　　　B. 置 1　　　　C. 计数　　　　D. 模拟

3. JK 触发器的输入 J 和 K 都接高电平，如果现态 $Q^n=0$，则其次态应为（　　）。

A. 0　　　　B. 1　　　　C. 高阻　　　　D. 不定

4. JK 触发器在 CP 作用下，若状态必须发生翻转，则应使（　　）。

A. $J=K=0$　　　　B. $J=K=1$　　　　C. $J=0$，$J=1$　　　　D. $J=1$，$K=0$

5. 有 1 位二进制数码需要暂时存放起来，应选用（　　）。

A. 触发器　　　　B. 2 选 1 数据选择器

C. 全加器　　　　D. 数据分配器

6. 图 3－6 所示电路，触发器次态 Q^{n+1} 的表达式是（　　）。

A. $Q^{n+1}=A\oplus B+Q^n$　　　　B. $Q^{n+1}=A\oplus B+\overline{Q^n}$

C. $Q^{n+1}=A\oplus B\cdot Q^n$　　　　D. $Q^{n+1}=A\oplus B\cdot\overline{Q^n}$

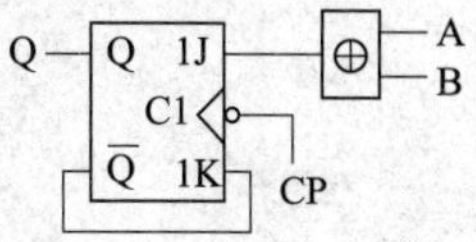

图 3－6

7. 对于 T 触发器，若初态 $Q^n=1$，欲使次态 $Q^{n+1}=1$，应使其输入 T =（　　）。

A. 0　　　　B. 1　　　　C. Q　　　　D. $\overline{Q}$

8. 图 3－7 所示电路中，能实现逻辑功能 $Q^{n+1}=\overline{Q^n}$ 的电路是（　　）。

A. 图 a　　　　B. 图 b　　　　C. 图 c　　　　D. 图 d

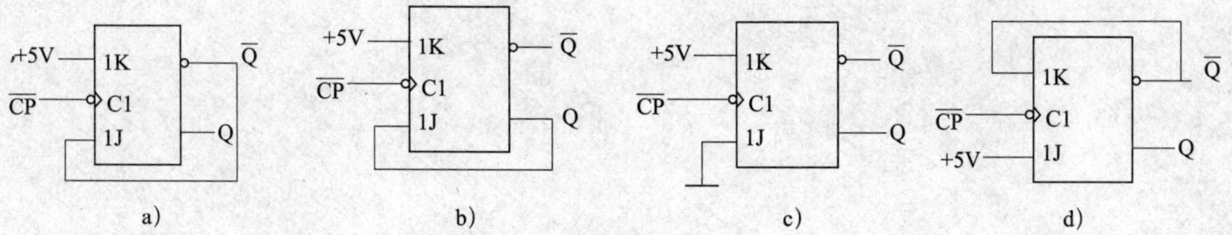

a)　　　　b)　　　　c)　　　　d)

图 3－7

四、综合题

1. 若边沿 JK 触发器的时钟脉冲 CP 及输入端 J、K 的波形如图 3－8 所示，试画出输出端 Q 对应的波形（设触发器的初态为 $Q^n=0$）。

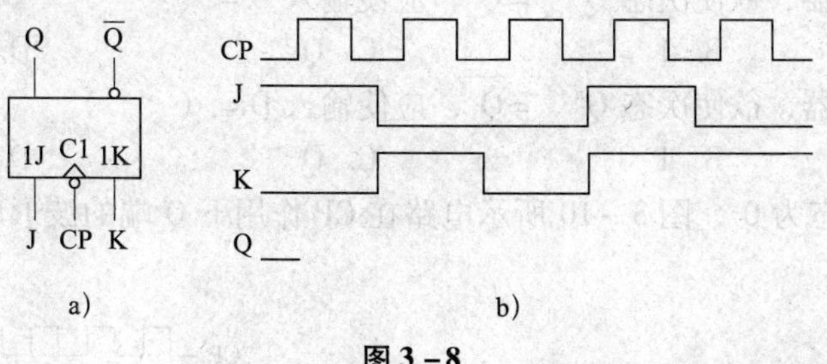

图 3－8

2. 图 3－9 所示各触发器的初始状态 Q＝0，画出在 CP 脉冲作用下各触发器 Q 端的电压波形。

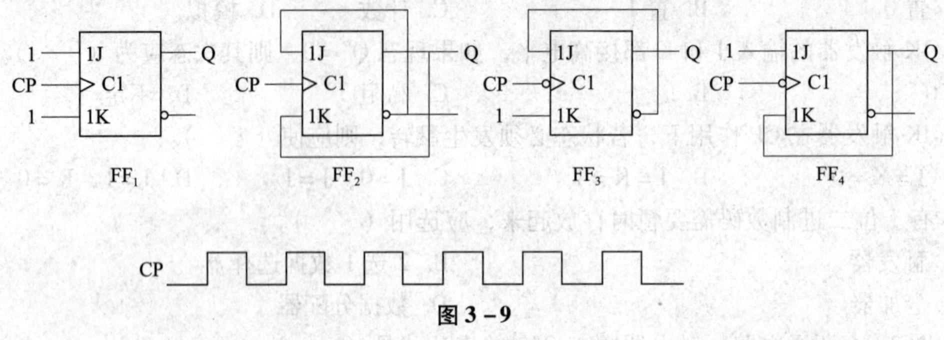

图 3－9

§3－3 D 触发器

一、选择题（将正确答案的序号填在括号内）

1. 对于 D 触发器，欲使次态 $Q^{n+1}=Q^n$，应使输入 D＝（　　）。

A. 0　　B. 1　　C. Q　　D. $\overline{Q}$

2. 对于 D 触发器，欲使次态 $Q^{n+1}=\overline{Q^n}$，应使输入 D＝（　　）。

A. 0　　B. 1　　C. Q　　D. $\overline{Q}$

3. 设触发器初态为 0，图 3－10 所示电路在 CP 作用下 Q 端的波形应为图 3－11 所示的（　　）。

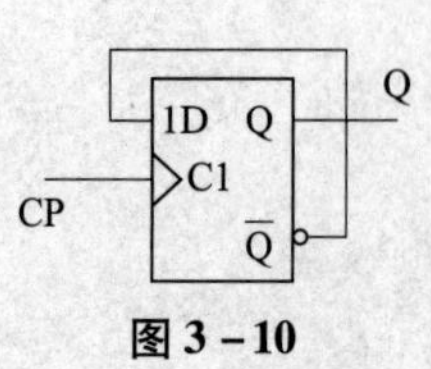

图 3－10

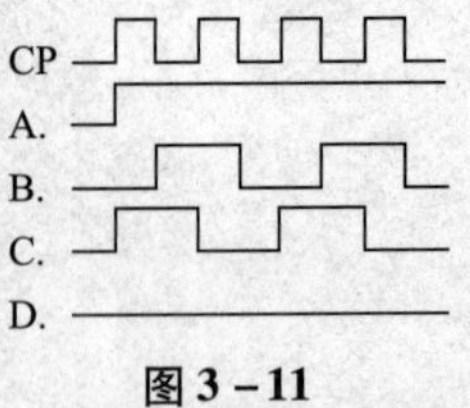

图 3－11

4. 为将 D 触发器转换为 T 触发器，图 3－12 所示电路的虚框内应为（　　）。

A. 或非门　　B. 与非门　　C. 异或门　　D. 同或门

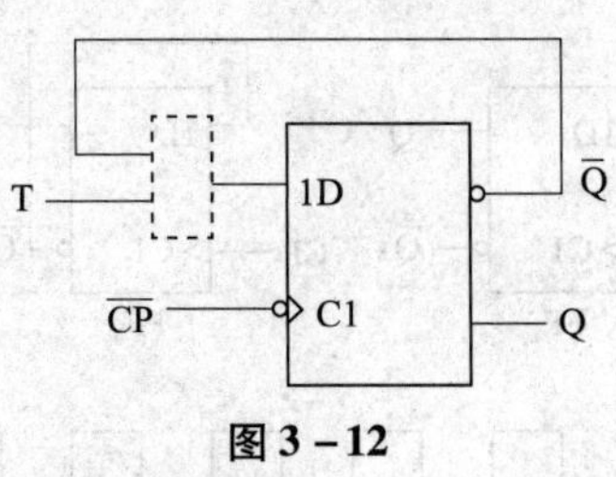

图 3－12

5. 为将 JK 触发器转换为 D 触发器，应使（　　）。

A. $J = D$，$K = \overline{D}$　　B. $K = D$，$J = \overline{D}$　　C. $J = K = D$　　D. $J = K = \overline{D}$

二、综合题

1. 画出下降沿触发的 D 触发器，在图 3－13 所示 CP 脉冲和输入 D 信号作用下，输出端 Q 的波形（设 D 触发器的初态为 0）。

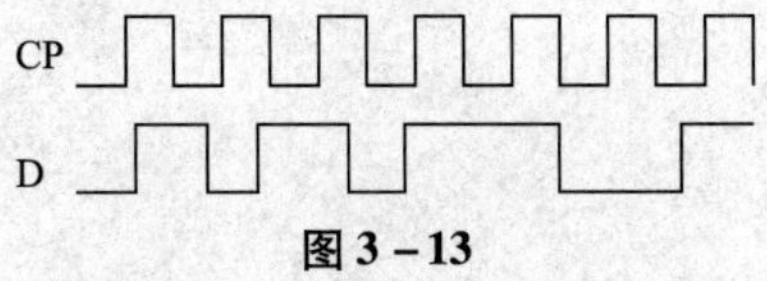

图 3－13

2. 由 D 触发器组成如图 3－14a 所示电路，已知触发器的输入波形如图 3－14b 所示，画出输出端 Q 的波形（设 D 触发器的初态为 0）。

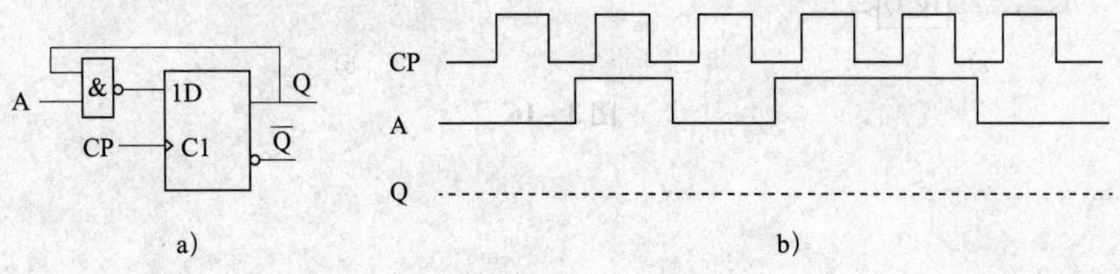

图 3－14

3. 图 3-15 所示各触发器的初始状态均为 0，画出在 CP 脉冲作用下各触发器 Q 端的电压波形。

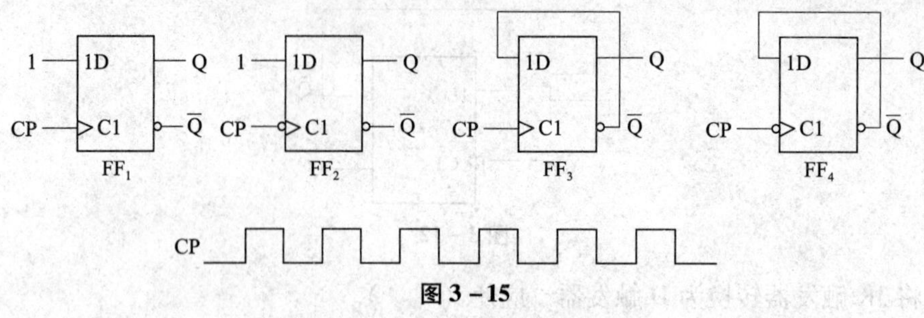

图 3-15

4. 写出图 3-16a 所示各电路的次态函数（即 Q^{n+1}），并在图 3-16b 中画出给定信号作用下 Q 端对应的波形（设各触发器的初始状态均为 0）。

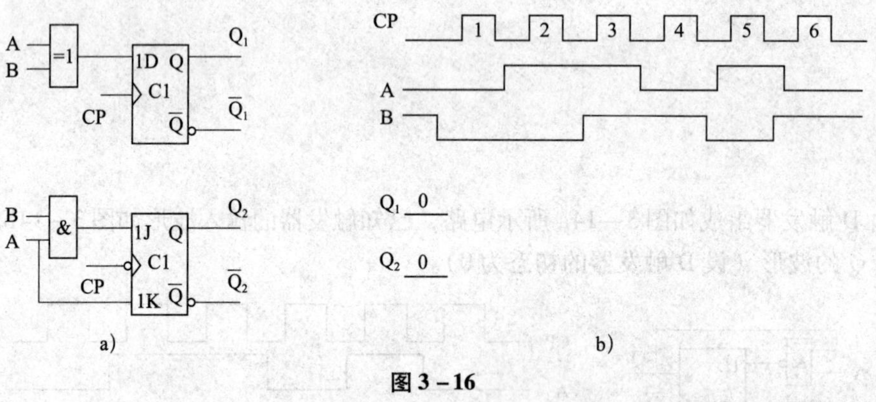

图 3-16

5. 列出图 3－17 所示电路的状态转换真值表，并写出其 Q^{n+1} 的逻辑表达式。

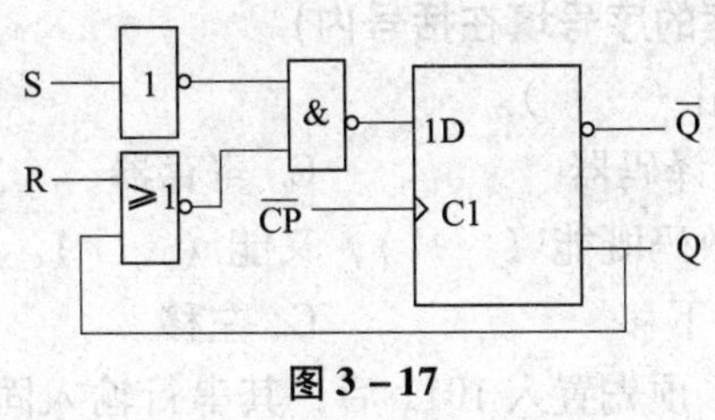

图 3－17

§3－4　寄存器

一、填空题（将正确答案填在横线上）

1. 寄存器分为______________和______________。

2. 4 位移位寄存器，经过______个 CP 脉冲后可将 4 位串行输入数据全部串行输入到寄存器内，经过______个 CP 可以在串行输出端依次输出该 4 位数据。

3. 移位寄存器除了有____________功能，还具有________功能。

4. 移位寄存器，将数码向右移一位，相当于其对应的十进制数______以 2，向左移一位，相当于其对应的十进制数______以 2。

5. 顺序脉冲分配器是________寄存器的典型应用之一。

二、判断题（正确的在括号中打“√”，错误的打“×”）

1. 译码器和寄存器都属于时序逻辑电路。（　　）

2. 数码寄存器可长期存放数据。（　　）

3. 移位寄存器一般采用边沿 D 触发器构成。（　　）

4. 双向移位寄存器是在移位控制下数码可分别向两个方向移位。（　　）

5. 顺序脉冲分配器是数码寄存器的一种应用。（　　）

6. 左移位寄存器与右移位寄存器的主要区别是触发器的 D 端与输出端接法不同。（　　）

7. 如 4 位右移寄存器的初始状态为 0000，而右移串行输入信号也为 0，则寄存器不能执行右移功能。（　　）

8. 双向移位寄存器不可能同时执行左移和右移功能。（　　）

三、选择题（将正确答案的序号填在括号内）

1. 若要存放数码，应选用（　　）。

A. 编码器　　B. 译码器　　C. 寄存器　　D. 计数器

2. 双向移位寄存器中的数码既能（　　），又能（　　）。

A. 上移　　B. 下移　　C. 左移　　D. 右移

3. 有一个左移位寄存器，预先置入 1011 后，其串行输入固定接 0。在 4 个移位脉冲 CP 作用下，4 位数据的移位过程是（　　）。

A. 1011→0110→1100→1000→0000

B. 1011→0101→0010→0001→0000

C. 0110→1011→1100→1000→0000

D. 1011→0110→1001→0001→0000

4. N 个触发器可构成寄存（　　）位二进制数码的寄存器。

A. $N-1$　　B. N　　C. $N+1$　　D. $2N$

5. 8 位移位寄存器，串行输入时经（　　）个脉冲后，8 位数码全部移入寄存器中。

A. 1　　B. 2　　C. 4　　D. 8

四、综合题

1. 图 3－18 所示寄存器，初态 $Q_3Q_2Q_1Q_0=0000$，串行输入端 D_{SL} 输入数据为 1101，列出在连续四个 CP 脉冲作用下寄存器的状态表。

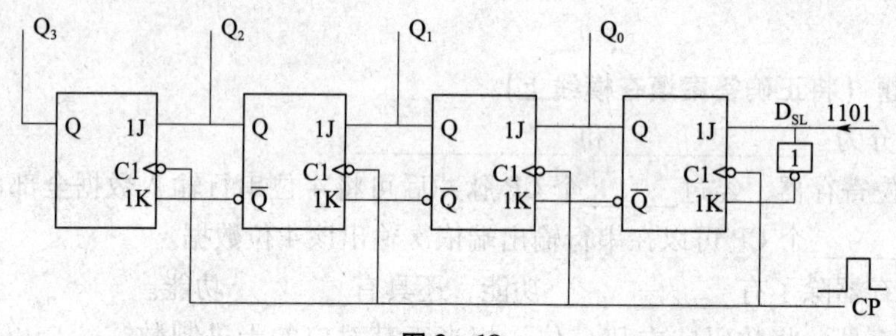

图 3－18

2. 图 3－19 所示移位寄存器的初始状态为 1111，当第二个 CP 脉冲到来后，寄存器中保存的数码是什么？画出连续四个 CP 脉冲作用下 Q_3、Q_2、Q_1、Q_0各端的波形图。

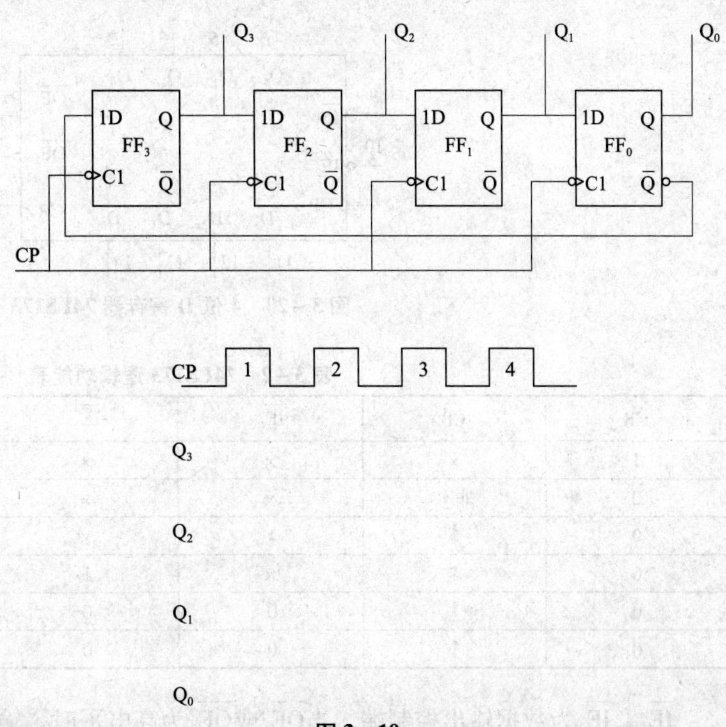

图 3－19

3. 图 3－20 所示为 4 位 D 寄存器 74LS173 的逻辑符号图，表 3－2 为该寄存器的逻辑功能表，试说明寄存器的功能。

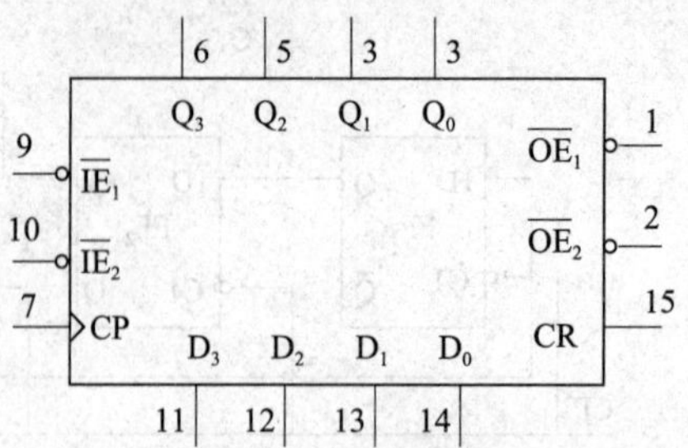

图 3－20　4 位 D 寄存器 74LS173

表 3－2　74LS173 逻辑功能表

CR	CP	$\overline{IE_1}$	$\overline{IE_2}$	D	Q
1	×	×	×	×	0
0	非↑	×	×	×	Q
0	↑	1	×	×	Q
0	↑	×	1	×	Q
0	↑	0	0	0	0
0	↑	0	0	1	1

$\overline{IE_1}$、$\overline{IE_2}$为数据输出控制端，当$\overline{OE_1}$或$\overline{OE_2}$为高电平时，输出为高阻态。

§3－5 计数器

一、填空题（将正确答案填在横线上）

1. 在数字系统中，把用来统计和存储输入______________的电路称为计数器。计数器是数字系统中应用最广泛的时序逻辑部件，除了用于计数外，还可用于_________、________等。

2. 计数器按计数进位数制不同，可分为__________计数器、__________计数器；按计数增减趋势不同可分为________计数器、________计数器和________计数器。

3. 根据 CP 脉冲到来时，触发器状态更新是否同步，计数器可分为________计数器和________计数器两种。

4. 异步二进制加法计数器，输入计数脉冲只作用在低位触发器的 CP 端，而高位触发器的时钟信号来自______位触发器的______端。

5. 8421BCD 码二进制编码器，当计数状态为 1001 时，再输入一个计数脉冲，计数状态变为________，然后向高位发出________信号。

6. 利用________法和________法可以把不同类型的集成计数器构成________进制的计数器。

7. 六进制计数器与一个十进制计数器级联可构成____________计数器。

二、判断题（正确的在括号中打“√”，错误的打“×”）

1. 在异步计数器中，当时钟脉冲到达时，各触发器的翻转是同时发生的。（　　）
2. 和异步计数器相比，同步计数器的显著特点是工作速度高。（　　）
3. 可逆计数器既能作加法计数，又能作减法计数。（　　）
4. 计数器计数前不需要先清零。（　　）
5. 把一个五进制计数器与一个十进制计数器串联可得到十五进制计数器。（　　）
6. 74LS290 既可实现二进制计数，也可实现五进制计数及十进制计数，主要取决于计数脉冲的输入方式。（　　）
7. 用集成计数器构成任意进制计数器的方法有反馈归零法和反馈置数法两种。（　　）
8. 由于每个触发器有两个稳定状态，因此存放 8 位二进制数码时，需 4 个触发器。（　　）
9. 组成异步计数器的各个触发器必须具有翻转功能。（　　）

三、选择题（将正确答案的序号填在括号内）

1. 构成计数器的基本电路是（　　）。

A. 与门　　B. 或门　　C. 非门　　D. 触发器

2. 同步二进制计数器，输入的计数脉冲 CP 作用在（　　）。

A. 各触发器的时钟端　　B. 最低位触发器的时钟端

C. 最高位触发器的时钟端　　D. 任意位触发器的时钟端

3. 二进制计数器是按照（　　）的计数规律进行加法或减法计数的。

A. 二进制　　B. 十进制　　C. 8421BCD 码　　D. 2421BCD 码

4. 一个 4 位二进制加法计数器，由 0000 状态开始，经过 25 个时钟脉冲后，计数器的状态为（　　）。

A. 1100　　B. 1000　　C. 1001　　D. 1010

5. 用计数器产生 000101 序列，至少需要（　　）个触发器。

A. 2　　B. 3　　C. 4　　D. 8

6. 1 位 8421BCD 码计数器，至少需要（　　）个触发器。

A. 3　　B. 4　　C. 5　　D. 10

7. 一个十进制计数器，由 0101 状态开始，经过 9 个时钟脉冲后，计数器的状态为（　　）。

A. 1100　　B. 0100　　C. 1000　　D. 1110

8. 用二进制异步计数器从 0 做加法，计到十进制数 178，最少需要（　　）个触发器。

A. 2　　B. 6　　C. 7　　D. 8　　E. 10

9. 一个五进制计数器与一个四进制计数器级联可得到（　　）进制计数器。

A. 4　　B. 5　　C. 9　　D. 20

10. 74LS290 实现五进制计数时，信号从 $Q_3Q_2Q_1$ 输出，计数脉冲从（　　）端接入。

A. C_0 和 C_1　　B. C_0　　C. C_1　　D. C_0 或 C_1

11. 74LS290 实现二进制计数时，计数脉冲从 C_0 输入，信号从（　　）端输出。

A. Q_0　　B. Q_1　　C. Q_2　　D. Q_3

12. 由 3 个十进制计数器级联起来后可成为（　　）。

A. 30 进制计数器　　B. 60 进制计数器

C. 100 进制计数器　　D. 1 000 进制计数器

13. 74LS290 实现十进制计数时，计数脉冲从 C_0 输入，信号从 $Q_3Q_2Q_1Q_0$ 输出，Q_0 与（　　）相连接。

A. C_1　　B. $R_{0(1)}$ 或 $R_{0(2)}$　　C. $S_{9(1)}$ 或 $S_{9(2)}$　　D. C_0

四、综合题

1. 分析图 3－21 所示电路的逻辑功能，并按 CP 脉冲的顺序列出输出端 Q_2、Q_1、Q_0 的状态表，说明其是何种类型的计数器。

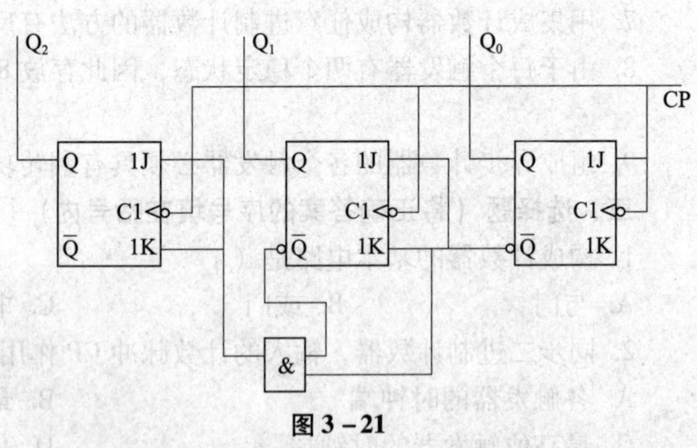

图 3－21

2. 图 3 - 22a 所示电路为由 D 触发器构成的异步计数器，说明其功能。根据图 3 - 22b 所示 CP 波形，画出 Q_0、Q_1、Q_2输出端的电压波形。

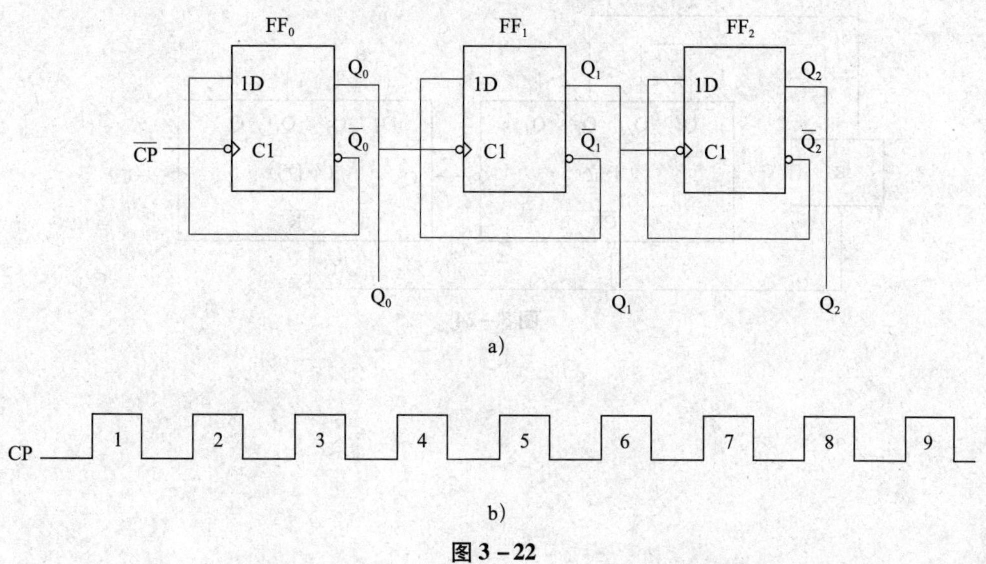

图 3 - 22

3. 某计数器状态转换如图 3 - 23 所示，说明其是几进制加法计数器。

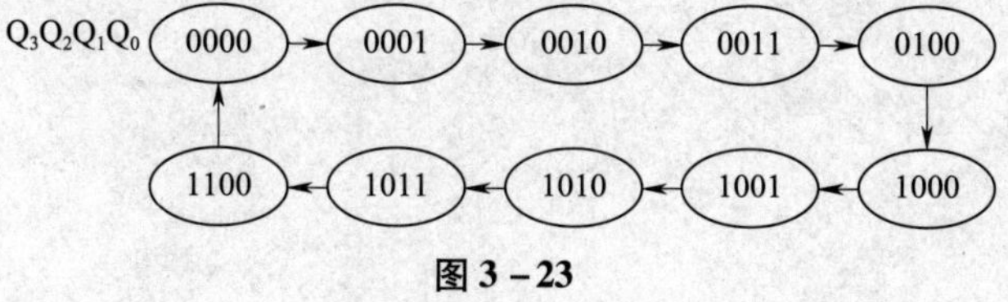

图 3 - 23

4. 图 3 - 24 所示电路中两个集成块均为同步 8421 码十进制加法计数器，分析该电路可构成几进制计数器。

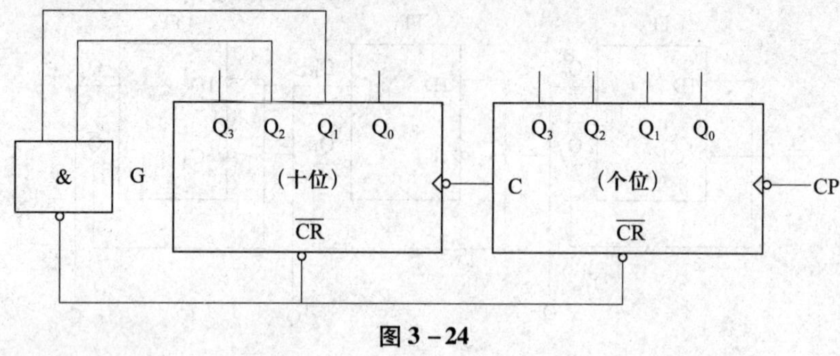

图 3 - 24

5. 用集成计数器 74LS163 分别采用反馈清零法和反馈置数法构成十二进制计数器，画出接线图。

6. 用 74LS290 构成七进制计数器，画出接线图。

7. 用 74LS290 采用级联法构成三十六进制计数器，画出接线图。

第四章　脉冲波形的产生与变换

§4－1　555 时基电路

一、填空题（将正确答案填在横线上）

1. 所谓＿＿＿＿＿是指短暂时间内幅度发生突变的电压或电流。除矩形波之外，常见的还有＿＿＿＿波、＿＿＿＿波、＿＿＿＿波、＿＿＿＿波和＿＿＿＿波等，都是＿＿＿＿＿。

2. 表征脉冲波形特性的主要参数有＿＿＿＿＿＿、＿＿＿＿＿＿、＿＿＿＿＿＿、＿＿＿＿＿＿、下降时间和＿＿＿＿＿。

3. 555 时基电路是一种将模拟电路和数字电路巧妙结合在一起的中规模集成电路，因内部有三个阻值均为＿＿＿＿的电阻串联接成分压器，所以得名 555 电路，又因其常在波形产生和变换等应用电路中起定时作用，故称为 555 时基电路，或称＿＿＿＿＿＿。

4. 555 时基电路由＿＿＿＿＿＿、＿＿＿＿＿＿、＿＿＿＿＿＿＿、＿＿＿＿＿和缓冲器组成。

5. 555 时基电路中输出端缓冲器的作用是提高电路的＿＿＿＿＿＿。

6. 555 时基电路提供的复位电平为＿＿＿，置位电平为＿＿＿。

7. 555 时基电路 CO 端不用时，一般都通过一个＿＿＿μF 电容接地。

8. TTL 型 555 时基电路的电源电压范围为＿＿＿＿V，CMOS 时基电路的电源电压范围为＿＿＿＿V。

9. 555 时基电路组成的电路中，电压控制端与地之间接一个电容的作用是＿＿＿＿＿＿，起稳定电阻分压比的作用。

10. 555 时基电路可实现＿＿＿＿＿＿、＿＿＿＿、＿＿＿＿和＿＿＿＿四种功能。其优先控制顺序为＿＿＿＿＿＿＿、＿＿＿＿＿＿＿、＿＿＿＿＿＿＿。

11. 555 定时器的最后数码为 555 的是＿＿＿＿＿产品，最后数码为 7555 的是＿＿＿＿＿产品。

二、选择题（将正确答案的序号填在括号内）

1. 矩形脉冲信号的参数没有（　　）。

A. 周期　　B. 占空比　　C. 脉宽　　D. 扫描期

2. 555 集成定时器没有（　　）部分。

A. 电压比较器

B. 电阻分压器

C. JK 触发器

D. 三极管开关和输出缓冲器

E. 基本 RS 触发器

3. 555 时基电路的引出管脚⑥是（　　）。

A. 控制电压端　　　　　　　　　　　　B. 低电平触发端

C. 高电平触发端　　　　　　　　　　　D. 直接复位端

4. 555 时基电路$\overline{TR}$端的电压小于$\frac{1}{3}V_{cc}$时，可实现（　　）功能。

A. 清零　　　　　B. 置位　　　　　C. 不允许　　　　　D. 保持

5. 下列说法正确的是（　　）。

A. 555 定时器在工作时清零端应该接高电平

B. 555 定时器在工作时清零端应该接低电平

C. 555 定时器没有清零端

D. 以上说法都不正确

三、综合题

555 时基电路各部分功能是什么？

§4－2　多谐振荡器

一、填空题（将正确答案填在横线上）

1. 多谐振荡器在工作过程中没有________状态，只有两个________态。不需外加触发脉冲就可以自动输出一定频率的________脉冲，常用作脉冲信号源。

2. 555 时基电路中，R1、R2、C 是外接定时元件，将____________端与____________端连接在一起，构成多谐振荡器，以____________作为触发信号。

3. 555 时基电路外接电阻 R1、R2 和电容 C 构成的基本多谐振荡器的振荡周期为____________。

4. 占空比是指____________与脉冲周期的比值。

5. 多谐振荡器的振荡周期为两个暂稳态的持续时间。当电容两端电压在$\frac{1}{3}V_{CC}\sim\frac{2}{3}V_{CC}$之间变化时，其充电时间常数为__________，放电时间常数为__________。

二、判断题（正确的打“√”，错误的打“×”）

1. 多谐波振荡器输出信号的周期与阻容元件的参数成正比。（ ）

2. 占空比可调的多谐波振荡电路是通过半导体二极管对电容充、放电实现占空比调整的。（ ）

3. 多谐振荡器输出的是正弦波信号。（ ）

4. 由 555 时基电路组成的多谐振荡器只有直接置 0 端接高电平时，才可输出矩形脉冲。（ ）

5. 由 555 时基电路组成的多谐振荡器，控制电压 U_{CO} 不变，增大电源电压 V_{CC} 振荡频率会升高。（ ）

6. 由 555 时基电路组成的多谐波振荡器，电源电压 V_{CC} 不变，减小控制电压 U_{CO}，振荡频率会升高。（ ）

三、选择题（将正确答案的序号填在括号内）

1. 多谐波振荡器可产生（ ）。

A. 正弦波　　B. 矩形脉冲　　C. 三角波　　D. 锯齿波

2. 由 555 定时器构成的多谐振荡器充电回路是（ ）。

A. V_{CC}→R1、R2→C→地　　B. V_{CC}→R1→C→地

C. V_{CC}→R2→C→地　　D. C →R2→三极管→地

3. 由 555 定时器构成的多谐振荡器如图 4－1 所示，R1、R2 和 C 的参数决定了电路输出电压的频率，如果要升高输出电压的频率，R2 的阻值应（ ）。

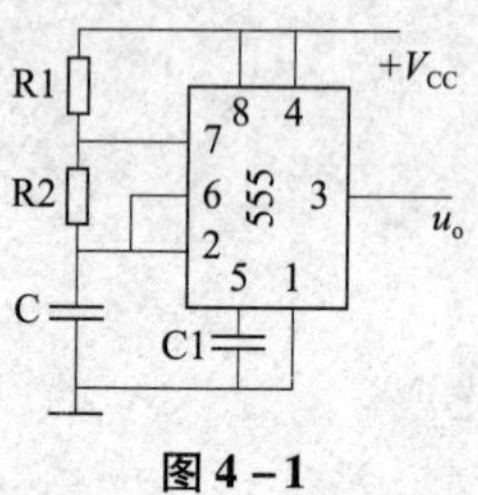

图 4－1

A. 增大　　B. 不变

C. 减小　　D. 不能改变，只能增大电容

4. 由 555 定时器构成的电路如图 4－2 所示，该电路的名称是（ ）。

A. 集成稳态触发器　B. 单稳态触发器　C. 多谐波振荡器　D. RS 触发器

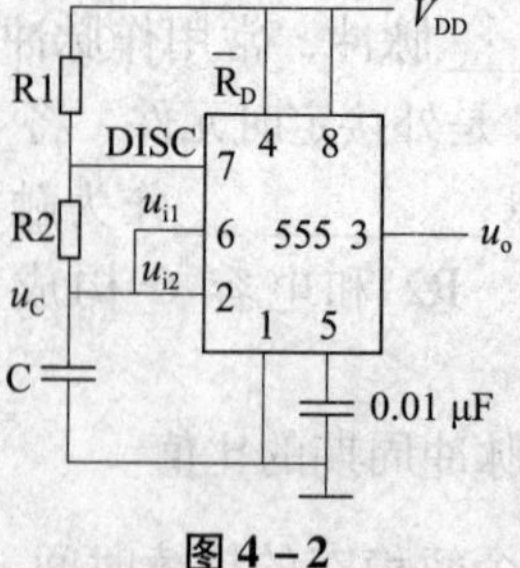

图 4－2

5. 要使 555 定时器构成的多谐波振荡器停止振荡，应使（　　）。

A. $\overline{R}_D$端接高电平　　B. CO 端接电容 0.01 μF

C. GND 端接高电平　　D. GND 端接低电平

6. 下列说法正确的是（　　）。

A. 多谐振荡器有两个稳态

B. 多谐振荡器有一个稳态和一个暂稳态

C. 多谐振荡器有两个暂稳态

D. 以上说法都不正确

四、综合题

1. 图 4-3 所示为由 555 定时器构成的多谐振荡器，已知 $V_{CC}=10$ V，$C=0.1$ μF，$R_1=15$ kΩ，$R_2=24$ kΩ。

（1）求多谐振荡器的振荡频率。

（2）画出 u_C和 u_o的波形。

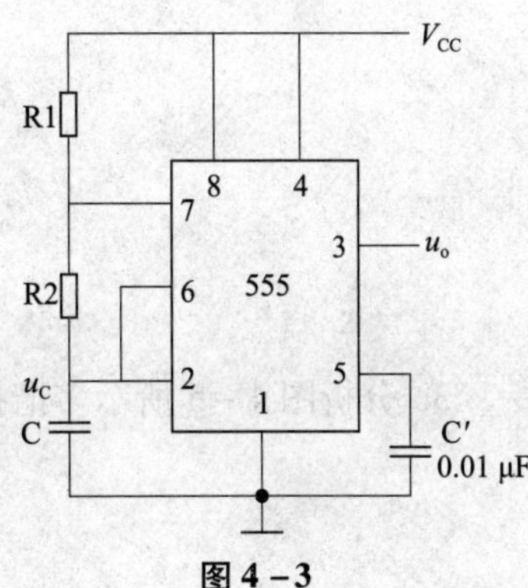

图 4-3

2. 图 4－4 所示电路中，已知 $R_1=1\ \text{k}\Omega$，$R_2=8.2\ \text{k}\Omega$，$C=0.4\ \mu\text{F}$，求脉冲宽度 t_w、振荡周期 T、振荡频率 f 和占空比 D。

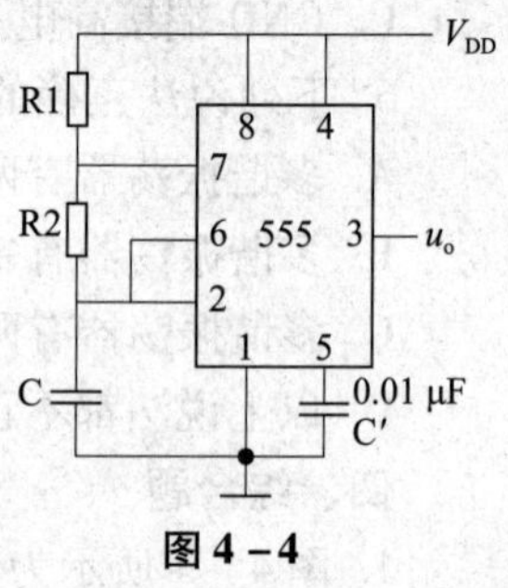

图 4－4

3. 分析图 4－5 所示多谐振荡电路，写出其正、负脉冲宽度表达式和振荡周期表达式。

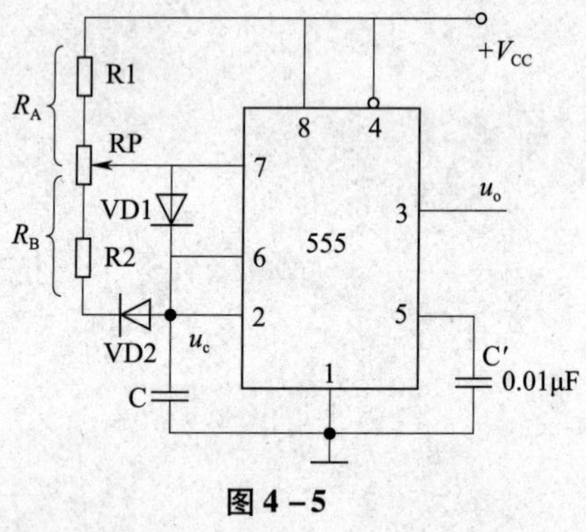

图 4－5

4. 图 4－6 所示电路工作时能够发出“呜……呜”间歇声响，分析电路的工作原理。若 $R_{1A}=100\ \text{k}\Omega$，$R_{2A}=390\ \text{k}\Omega$，$C_A=10\ \mu\text{F}$，$R_{1B}=100\ \text{k}\Omega$，$R_{2B}=620\ \text{k}\Omega$，$C_B=1\ 000\ \text{pF}$，则 f_A、f_B 分别为多少？定性画出 u_{o1}、u_{o2} 波形图。

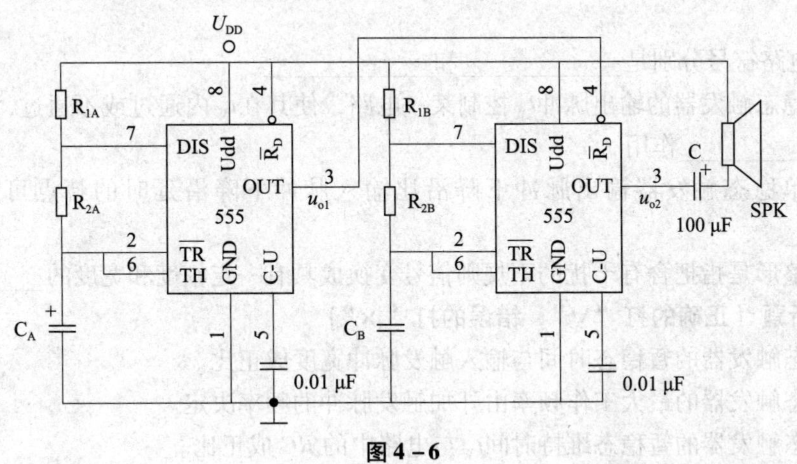

图 4－6

§4－3　单稳态触发器

一、填空题（将正确答案填在横线上）

1. 将 555 定时器接成单稳态触发器时，________________接低电平触发 $\overline{TR}$ 端。

2. 单稳态触发器的工作特点是只有一个________状态，在外来触发脉冲作用下，可从________翻转到__________，经过一段时间后又自行回到________。暂稳态持续的时间取决于定时元件的参数值。

3. 555 定时器组成的单稳态触发器，触发脉冲宽度应________单稳态输出脉冲宽度。

4. 555 定时器组成的单稳态触发器，输出脉冲的宽度$t_W \approx$________，其与输入脉冲电压的高低及脉冲的宽度________。

5. 集成单稳态触发器按触发方式不同可分为__________触发型和_________触发型两种，它们的电路符号分别是__________和__________。

6. 用单稳态触发器的输出脉冲t_W控制某一电路，使其在t_W内通过或不通过，这是单稳态触发器的__________作用。

7. 利用单稳态触发器输出脉冲下降沿比输入脉冲下降沿延时的特点可完成信号的__________。

8. 脉冲整形是指把含有干扰的不规则信号变换成具有一定幅度和宽度的_________。

二、判断题（正确的打“√”，错误的打“×”）

1. 单稳态触发器的暂稳态时间与输入触发脉冲宽度成正比。 (　　)

2. 单稳态触发器的最大工作频率由外加触发脉冲的频率决定。 (　　)

3. 单稳态触发器的暂稳态维持时间t_W与电路中的 RC 成正比。 (　　)

4. 采用不可重复单稳态触发器时，若触发器在进入暂稳态期间再次受到触发，输出脉宽可在前暂稳态时间的基础上再展宽t_W。 (　　)

5. 可重复单稳态触发器在进入暂稳态期间，若再有触发脉冲加入，输出脉冲宽度不会改变。 (　　)

6. 将尖顶波变换成与它对应等宽的脉冲，应采用单稳态触发器。 (　　)

三、选择题（将正确答案的序号填在括号内）

1. 如果将单稳态触发器的触发信号保持低电平状态，则（　　）。

A. 输出保持低电平不变

B. 输出保持高电平不变

C. 输出状态会自动翻转

D. 输出状态在低电平与高电平之间自动变化

2. 由 555 定时器组成的单稳态触发器输出脉冲的宽度约为（　　）。

A. 0.7RC　　B. RC　　C. 1.1RC　　D. 2RC

3. 由 555 定时器构成的单稳态触发器及其输出电压波形如图 4－7 所示，其输出脉冲宽度t_W由 R 和 C 决定，如果要增宽 t_W，则可以（　　）。

A. 增大 R 、增大 C　　B. 减小 R 、减小 C

C. 增大 R 、减小 C　　D. 减小 R 、增大 C

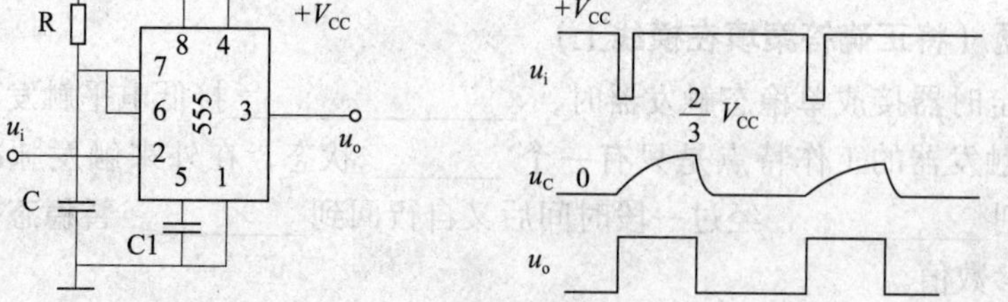

图 4－7

4. 将边沿变化缓慢的脉冲变成边沿陡峭的脉冲，可使用（　　）。

A. 多谐振荡器　　B. 555 定时器　　C. 单稳态触发器　　D. 微分电路

5. 单稳态触发器的暂稳态时间与（　　）密切相关。

A. 触发信号的持续时间　　B. 所用门电路的种类

C. 其输出端的负载特性　　D. 电路的时间常数

6. 单稳态触发器的主要用途是（　　）。

A. 整形、延时、鉴幅　　B. 延时、定时、存储

C. 延时、定时、整形　　D. 整形、鉴幅、定时

7. 由 555 时基电路构成的单稳态触发器，其输出脉冲宽度取决于（　　）。

A. 电源电压　　B. 触发信号　　C. 触发信号宽度　　D. 外接 R、C 的大小

8.（多选）由 555 时基电路构成的单稳态触发器，为改变脉冲宽度，以下做法错误的是（　　）。

A. 改变触发信号的宽度　　B. 改变触发信号的幅度

C. 改变电阻 R 的大小　　D. 改变电容 C 的大小

9. 能实现脉冲延时的电路是（　　）。

A. 多谐波振荡器　　B. 单稳态触发器

C. 基本 RS 触发器　　D. 石英晶体多谐振荡器

10. 能实现精确定时的脉冲电路是（　　）。

A. 施密特触发器　　B. 加法器

C. 多谐波振荡器　　D. 单稳态触发器

四、综合题

1. 在图 4－8 所示由 555 定时器构成的单稳态触发器中，

（1）若定时电阻 $R=11\ \text{k}\Omega$，要求输出脉冲宽度为 1 s，试计算定时电容 C；

（2）若 $C=6\ 200\ \text{pF}$，要求脉冲宽度为 150 μs，试计算定时电阻 R。

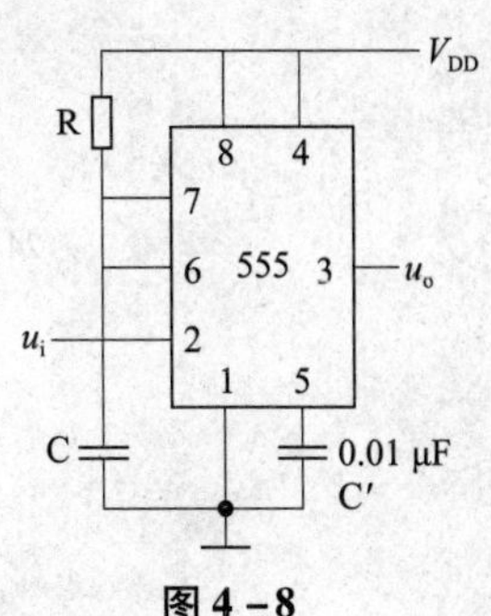

图 4－8

2. 由 555 定时器构成的电路如图 4－9 所示。

（1）说出电路的名称。

（2）已知输入信号 u_i 的波形，画出 u_o 的波形（标明 u_o 波形的脉冲宽度）。

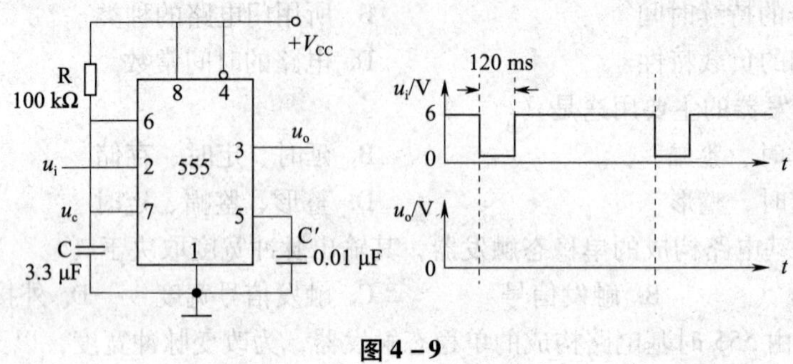

图 4－9

3. 图 4－10 所示为由 555 定时器构成的电子门铃电路。当按下按钮 S 时，电子门铃以 1 kHz 的频率响 10 s，请回答以下问题。

（1）555（1）和 555（2）各是什么电路？简要说明整个电路的工作原理。

（2）如要改变门铃的音调，应改变哪个电路的哪些元件参数？

（3）如要改变门铃音响的持续时间，应改变哪个电路的哪些元件参数？

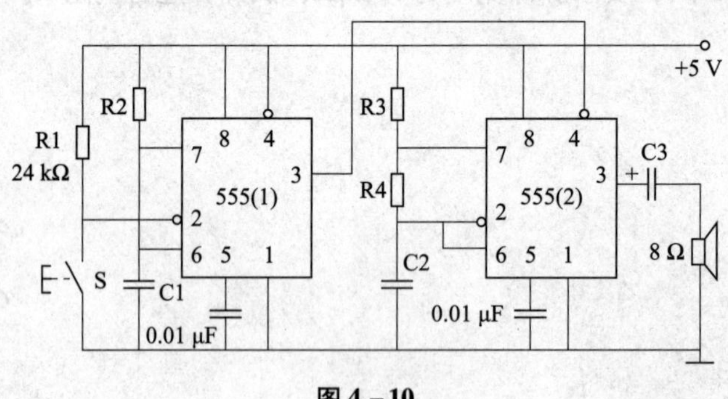

图 4－10

§4-4 施密特触发器

一、填空题（将正确答案填在横线上）

1. 将555时基电路的________端与________端相连，可构成施密特触发器。

2. 施密特触发器具有________稳态，当输入触发信号升高至________触发电压时，电路由____________翻转到____________，当输入触发信号下降至________触发电压时，电路就由____________________。

3. 用555定时器构成施密特触发器时，若电源电压为8 V，则上限触发电压为________V，下限触发电压为________V，回差电压为________V。

4. 施密特触发器的输入电压在____________范围内对输出无影响。

5. 集成施密特触发器主要有________和________两大类，按其功能可分为施密特________门和施密特__________。

6. 施密特触发器常应用于____________、____________、____________等。

7. 具有施密特特性的与非门符号是____________。

二、判断题（正确的打"√"，错误的打"×"）

1. 施密特触发器有两个稳定状态。（　）
2. 施密特触发器上限触发电压一定大于下限触发电压。（　）
3. 施密特触发器与双稳态触发器具有相同含义。（　）
4. 施密特触发器实质上实现的是或非逻辑功能。（　）
5. 施密特触发器的输出电平是由输入信号电平决定的。（　）
6. 施密特触发器可用于将三角波变换成正弦波。（　）
7. 要将变化缓慢的电压信号整形成脉冲信号，可采用施密特触发器。（　）
8. 施密特触发器可剔除脉冲幅度超过下限触发电压的输入信号。（　）
9. 施密特触发器可将输入宽度不同的脉冲变换为宽度符合要求的脉冲输出。（　）

三、选择题（将正确答案的序号填在括号内）

1. 施密特触发器的特点是（　）。

A. 具有记忆功能

B. 有两个可自行保持的稳定状态

C. 具有负反馈作用

D. 上升和下降过程的阈值电压不同

2. 用555定时器构成的施密特触发器电路，其特点是（　）。

A. 有一个稳定状态　　B. 没有稳定状态

C. 有两个稳定状态　　D. 有多个稳定状态

3. 在输入电压上升过程中，电路状态转换时的输入电压值称为（　）。

A. 上限触发电压　　B. 下限触发电压

C. 输入触发电压　　　　D. 输出触发电压

4. 在输入电压下降过程中，电路状态转换时的输入电压值称为（　　）。

A. 上限触发电压　　　　B. 下限触发电压

C. 输入触发电压　　　　D. 输出触发电压

5. 为了将正弦信号转换为与该信号频率相同的脉冲信号，可采用（　）。

A. 多谐波振荡器　　　　B. 石英晶体多谐波振荡器

C. 单稳态触发器　　　　D. 施密特触发器

6. 将三角波转换为同频率的矩形波，需选用（　　）。

A. 单稳态触发器　　　　B. 施密特触发器

C. 多谐振荡器　　　　D. 计数器

7. 滞后性是（　　）的基本特性。

A. 多谐波振荡器　　　　B. 施密特触发器

C. T 触发器　　　　D. 单稳态触发器

8. （多选）脉冲整形电路有（　　）。

A. 多谐波振荡器　　　　B. 单稳态触发器

C. 施密特触发器　　　　D. 555 定时器

9. 已知某电路的输入输出波形如图 4 - 11 所示，该电路可能是（　　）。

A. 多谐波振荡器　　　　B. 双稳态触发器

C. 单稳态触发器　　　　D. 施密特触发器

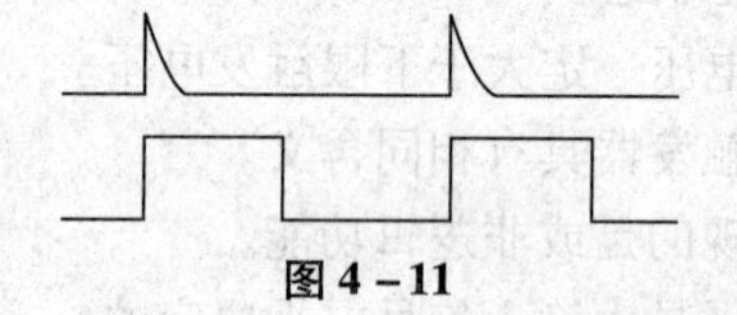

图 4 - 11

10. 在一串幅度不等的脉冲中，要剔除幅度不够大的脉冲，并将其余脉冲调整到规定幅度，可以采用（　　）。

A. 可重复触发单稳态触发器

B. 不重复触发单稳态触发器

C. 施密特触发器

D. 多谐波振荡器

11. 下列说法正确的是（　　）。

A. 施密特触发器的回差电压 $\Delta U = U_{T+} - U_{T-}$

B. 施密特触发器的回差电压越大，电路的抗干扰能力越弱

C. 施密特触发器的回差电压越小，电路的抗干扰能力越强

D. 以上说法都不正确

12. 滞回特性是（　　）的基本特性。

A. 多谐振荡器　　B. 单稳态触发器　　C. T 触发器　　D. 施密特触发器

四、综合题

图 4 - 12 所示是用 555 定时器构成的施密特触发器。

（1）在图 4 - 12a 中，当 $V_{DD}=15$ V 时，求 U_+、U_- 及 ΔU?

（2）在图 4 - 12b 中，当 $V_{DD}=15$ V，$U_{OC}=5$ V 时，求 U_+、U_- 及 ΔU?

（3）将图 4 - 12c 中给定的电压信号加到图 4 - 12a 和图 4 - 12b 中，画出其输出电压 u_o 的波形。

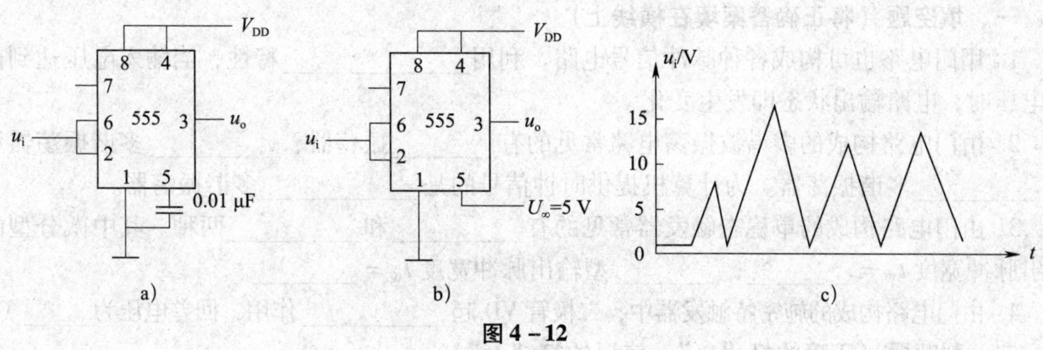

图 4 - 12

§4-5 用门电路构成的脉冲信号电路

一、填空题（将正确答案填在横线上）

1. 用门电路也可构成各种脉冲信号电路。利用______________特性，当输入电压达到门限电压时，电路输出状态即发生变化。

2. 由门电路构成的多谐波振荡电路常见的有________振荡器、________多谐振荡器和__________多谐振荡器。为计算机提供时钟信号的是__________多谐振荡器。

3. 由门电路构成的单稳态触发器常见的有__________和__________两种。其中微分型的输出脉冲宽度 $t_W=$________；________型输出脉冲宽度 $t_W=$________。

4. 由门电路构成的施密特触发器中，二极管 VD 起___________作用，回差电压为______V。

二、判断题（正确的打"√"，错误的打"×"）

1. 石英晶体多谐波振荡器的振荡频率与电路中的 R、C 成正比。（　　）

2. 积分型单稳态触发器的脉冲宽度大于触发脉冲的宽度。（　　）

三、选择题（将正确答案的序号填在括号内）

1. 多谐振荡器可产生（　　）。

A. 正弦波　　B. 矩形脉冲　　C. 三角波　　D. 锯齿波

2. 石英晶体多谐振荡器的突出优点是（　　）。

A. 速度高　　B. 电路简单

C. 振荡频率稳定性高　　D. 输出波形边沿陡峭

3. 施密特触发器有（　　）个稳定状态，多谐振荡器有（　　）个稳定状态，单稳态触发器有（　　）个稳定状态。

A. 0　　B. 1　　C. 2　　D. 3

4. 含有 RC 元件的脉冲电路，分析的关键是（　　）。

A. 电容的充放电　　B. 电阻两端的电压　　C. 门电路　　D. 触发器

四、综合题

1. 在图 4-13 所示非对称式多谐振荡器电路中，若 G1、G2 为 CMOS 反相器，$R_F=9.1\ k\Omega$，$C=0.001\ \mu F$，$R_P=100\ k\Omega$，$V_{DD}=5\ V$，$V_{TH}=2.5\ V$，试计算电路的振荡频率。

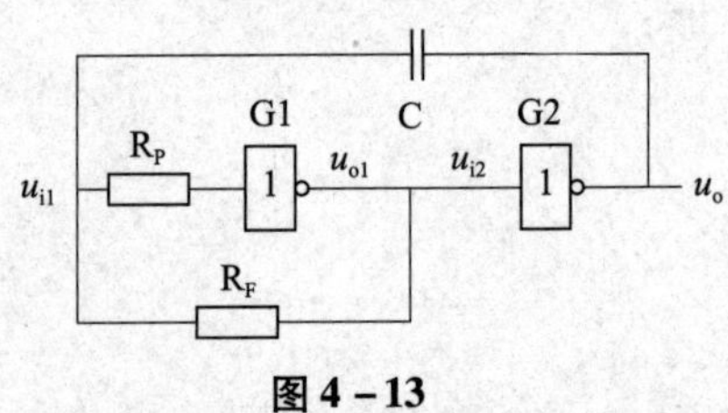

图 4-13

2. 在图 4－14 所示环形振荡器电路中，试回答以下问题。

（1）R、C、R_S各起什么作用？

（2）为降低电路的振荡频率可以调节哪些电路参数？如何调节？

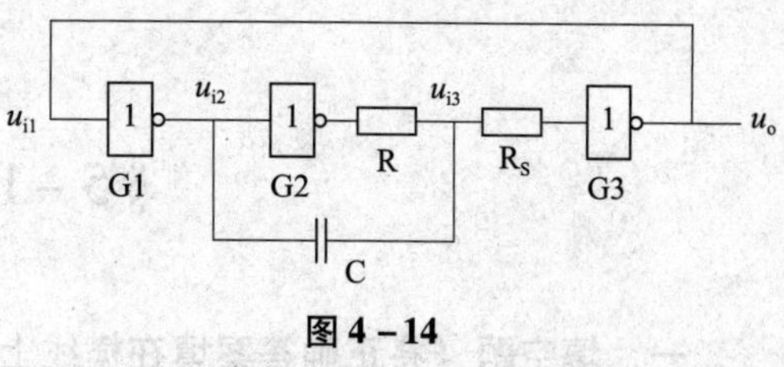

图 4－14

第五章　半导体存储器与可编程逻辑器件

§5－1　只读存储器

一、填空题（将正确答案填在横线上）

1. 半导体存储器是一种能存储________的存储器。

2. 只读存储器（ROM）是存储固定信息的存储器，使用时只能________所存储的信息而不能________，但在断电后信息仍能保留。

3. ROM 通常可分为________、________、________、________及 Flash Memory。

4. 用户可根据自己的需要，将应该存储的信息一次性写入 PROM，但一经写入就________。这种存储器适合于小批量试产使用。

5. EPROM 是利用________擦除原存数据，写入后可反复擦除写入数据。E^2PROM 是利用______擦除数据，可以在工作电压下随时擦除和改写数据。

6. EPROM、E^2PROM 和快闪存储器的共同之处是断电后，存储的数据________，并可以用专用装置重新改写原来存储的数据。

7. PROM、EPROM、E^2PROM 分别代表________、________、________。

8. PROM/EPROM 能写入________次程序。

9. 闪存是________可编程存储器，是________的存储器，且存储速度________，读写方便，断电情况下信息可________保留。

二、判断题（正确的打"√"，错误的打"×"）

1. 所有的半导体存储器在运行时都具有读和写的功能。（　　）

2. PROM 的或阵列（存储矩阵）是可编程阵列。（　　）

3. ROM 的每个与项（地址译码器的输出）都一定是最小项。（　　）

4. ROM 由与阵列、或阵列构成，因此 ROM 可以实现组合逻辑电路。（　　）

三、选择题（将正确答案的序号填在括号内）

1. 只能读出数据，不能更改数据的存储器是（　　）。

A. RAM　　B. ROM　　C. PROM　　D. EPROM

2. EPROM 是（　　）。

A. 随机读写存储器　　B. 可编程逻辑阵列

C. 可编程只读存储器　　D. 可擦除可编程只读存储器

3. 只读存储器 ROM 在运行时（　　）功能。

A. 有读无写　　B. 无读有写　　C. 有读写　　D. 无读写

4. 只读存储器 ROM 当电源断掉后又接通，存储器中的内容（　　）。

A. 全部改变　　B. 全部为 0　　C. 不可预料　　D. 保持不变

5. 某 ROM 芯片有 8 根地址线（$A_0 \sim A_7$）、4 根数据输出线（$D_0 \sim D_3$），则该 ROM 的容量为（　　）位。

A. 16 ×4　　B. 32 ×4　　C. 256 ×4　　D. 1 024 ×1

6. 一个 6 位地址码、8 位输出的 ROM，其存储矩阵的容量为（　　）。

A. 48　　B. 64　　C. 512　　D. 256

7. 一片 64 k ×8 存储容量的只读存储器（ROM），有（　　）。

A. 64 条地址线和 8 条数据线　　B. 64 条地址线和 16 条数据线

C. 16 条地址线和 8 条数据线　　D. 16 条地址线和 16 条数据线

四、综合题

1. ROM 存储器有何特点，断电后其所存数据有何变化？ROM 存储器可分为哪几类，各有何特点，主要应用在什么场合？

2. 图 5 -1 所示是 PROM 实现组合逻辑函数的电路，分析电路功能，说明当 A、B、C 取何值时，函数 $F_1 = F_2 = 1$ 和 $F_1 = F_2 = 0$。

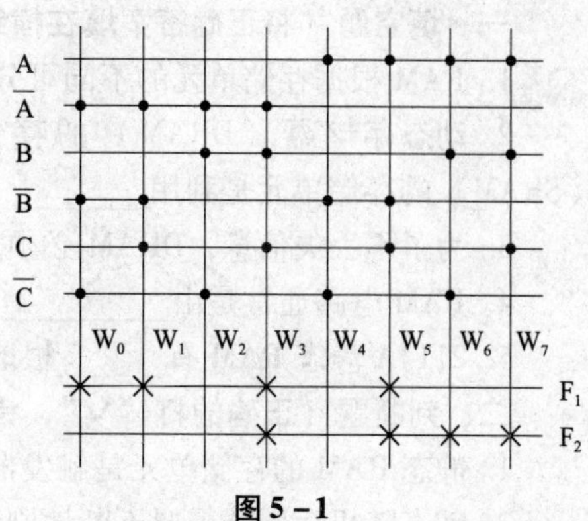

图 5 -1

3. 用 PROM 实现全加器，画出阵列图。

§5-2 随机存取存储器

一、填空题（将正确答案填在横线上）

1. RAM 根据存储单元的不同可分为________和________两类。

2. 动态存储器（DRAM）的存储单元是利用________存储信息的，静态存储器（SRAM）的存储单元是利用__________存储信息的。

3. 为了不丢失信息，DRAM 必须定期进行________操作。

4. RAM 电路通常是由______________、____________和________________三部分组成。

5. 2114A 静态 RAM 有______根地址线，______根数据线。

二、判断题（正确的打“√”，错误的打“×”）

1. 静态 RAM 的存储单元是触发器，因此可以用 RAM 构成时序逻辑电路。（　　）

2. 动态随机存储器需要不断地刷新，以防电容上存储的信息丢失。（　　）

3. ROM 和 RAM 中存入的信息在电源断掉后都不会丢失。（　　）

4. RAM 中的信息，当电源断掉后又接通，原存信息不会改变。（　　）

5. 在 RAM 工作时，可以随时从任何一个指定地址读出数据，也可以随时将数据写入任何一个指定的存储单元。（　　）

6. E^2ROM 可以电擦除电写入，因此可以替代 RAM。（　　）

三、选择题（将正确答案的序号填在括号内）

1. 随机存取存储器（　　）功能。

A. 有读写　　B. 无读写　　C. 有只读　　D. 有只写

2. 随机存取存储器 RAM 当电源断掉后又接通，存储器中的内容（　　）。

A. 全部改变　　B. 全部为 1　　C. 不确定　　D. 保持不变

3. 计算机中的内存是（　　）。

A. ROM　　B. RAM　　C. EPROM　　D. MROM

四、综合题

RAM 有何特点，可分为哪几类，分别有何不同?

§5－3　可编程逻辑器件

一、填空题（将正确答案填在横线上）

1. PLD 是一种可____________的专用集成电路。用户可根据需要自行对它进行________，从而实现各种逻辑功能。

2. PLD 的基本结构由__________、__________、__________和__________四部分组成。

3. PLD 中的两种基本逻辑阵列是______阵列和______阵列。

4. 由与门构成的与阵列用来产生________，由或门构成的或阵列用来产生__________的逻辑函数。

5. PLD 有三种连接方法，其中，固定连接用“________”表示；编程连接用“________”表示，“十”表示________。

6. PLD 中“A—▷— A, $\overline{A}$”表示__________。

二、综合题

根据图 5 - 2 所示电路结构，写出各输出端的逻辑表达式。

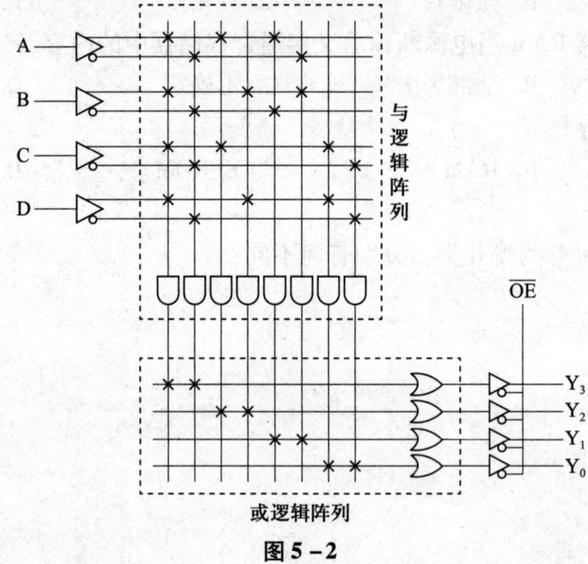

图 5 - 2

第六章　数模转换和模数转换

§6－1　数模转换器

一、填空题（将正确答案填在横线上）

1. 将数字信号转换为模拟信号的电路称为________转换器，简称________。

2. 4 位倒 T 型电阻网络 D/A 转换器主要由__________________、______________和__________________三部分组成。其输出电压与输入的数字量成________，从而实现了 D/A 转换。

3. D/A 转换器的主要参数有__________、转达换精度和转换时间。

4. 输入 n 位二进制数的 D/A 转换器，n 越大，分辨率越______。

5. D/A 转换器倒 T 型电阻网络的特点是无论模拟开关处于何种位置，各节点等效电阻均为______；当输入数码 D_i 等于 1 时，相对应的电子开关 S_i 接____________________________；流向电阻网络的总电流在到达求和电路反相输入端时，每经过一个节点，电流就要__________。

6. 设 D/A 转换器的输出电压为 0 ~ 5 V，对于 12 位 D/A 转换器，它的分辨率为________。

二、判断题（正确的打"√"，错误的打"×"）

1. D/A 转换器最大输出电压的绝对值可达到基准电压 V_{REF}。（　　）

2. 输出的数字量变化一个相邻的值，所对应的输入模拟量的变化值称为 D/A 转换器的分辨率。（　　）

3. 输出模拟量的最小变化量称为 D/A 转换器的分辨率。（　　）

4. D/A 转换器的分辨率 $=\dfrac{1}{2^n-1}$，它与参考电压 V_{REF} 无关，因此 D/A 转换器能够分辨的最小输出电压与 V_{REF} 无关。（　　）

5. D/A 转换器的位数越多，能够分辨的最小输出电压变化量就越小。（　　）

三、选择题

1. 有一个 4 位 D/A 转换器，设输入数字量为 1111 时，输出电压为 5 V，则当输入数字量为 0100 时，输出电压为（　　）V。

A. 1/3　　B. 2/3

C. 4/3　　D. 4

2. 有一个 4 位 D/A 转换器，设它的满刻度电压为 10 V，当输入数字量为 1101 时，其输出电压为（　　）V。

A. 8. 125　　B. 4

C. 6. 25　　D. 9. 375

四、综合题

1. 一个 4 位倒 T 型电阻网络 D/A 转换器。已知 $R=10\ \text{k}\Omega$，$V_{REF}=8$ V，当某位数 $D_i=0$

时，对应的开关 S_i接地；当 $D_i = 1$ 时，对应的开关 S_i接运放反相端。

（1）求 u_o的输出范围。

（2）当 $D_3D_2D_1D_0 = 0111$ 时，$u_o = ?$

2. 回答以下问题：

（1）AD7533 是一个 10 位 DAC 芯片，其分辨率是多少？

（2）如果要求模拟输出电压的最大值为 10 V，基准电压 V_{REF}应选几伏？

§6－2　模数转换器

一、填空题（将正确答案填在横线上）

1. 将模拟信号转换为数字信号应采用__________转换器，简称__________。

2. A/D 转换一般要经过________、________、________和________四个环节。取样频率至少应是模拟信号最高频率的______倍，通常取________倍。

3. ADC 电路中的量化过程是指把采样—保持后的阶梯信号按指定要求划分为某个最小量化单位的整数倍的过程，编码是指把量化后的结果用________代码表示出来。

4. A/D 转换器中量化方式有____________法及____________法两种。

5. 数字信号最低有效位中______所代表的模拟电压就是量化单位______。

6. 逐次逼近型 A/D 转换器是用一系列按 8、4、2、1 比例分级递减的________电压与________电压逐次比较，直至逼近________电压值。

二、判断题（正确的在括号中打"√"，错误的打"×"）

1. 把模拟量转换成数字量的过程称为数模转换。（　）

2. 通过采样，一个在时间上连续变化的模拟信号就转换为随时间断续变化的脉冲信号。（　）

3. 模拟信号经过采样—保持后，输出信号电压波形为三角形。（　）

4. 把 1 V 的电压分成八个等级，最小量化单位为 8。（　）

5. 经采样—保持电路输出的信号幅值是断续变化的脉冲信号。（　）

6. A/D 转换器中包含有 DAC 转换电路。（　）

7. 模拟信号的取样值一定等于最小量化单位 Δ 的整数倍。（　）

8. A/D 转换器的二进制数的位数越多，量化级分得越多，量化误差就可以减小到 0。（　）

三、选择题（将正确答案的序号填在括号内）

1. 将一个时间上连续变化的模拟量转换为时间上断续（离散）的模拟量的过程称为（　）。

A. 取样　　B. 量化　　C. 保持　　D. 编码

2. 为了使采样输出信号不失真地代表输入模拟信号，采样频率 f_s 和输入模拟信号的最高频率 f_{imax} 的关系是（　）。

A. $f_s \geqslant f_{imax}$　　B. $f_s \leqslant f_{imax}$　　C. $f_s \geqslant 2f_{imax}$　　D. $f_s \leqslant 2f_{imax}$

3. 用二进制码表示某一最小单位电压整数倍的过程称为（　）。

A. 采样　　B. 量化　　C. 保持　　D. 编码

4. 若某 ADC 取量化单位 $\Delta = \frac{1}{8}V_{REF}$，并规定对于输入电压 u_i，在 $0 \leqslant u_i < \frac{1}{8}V_{REF}$ 时，认为输入的模拟电压为 0 V，输出的二进制数为 000，则 $\frac{5}{8}V_{REF} \leqslant u_i < \frac{6}{8}V_{REF}$ 时，输出的二进制数为（　）。

A. 001　　B. 101　　C. 110　　D. 111

第七章　数字电路的综合应用

§7-1　数字电路基本读图方法

一、填空题（将正确答案填在横线上）

1. 数字电路图的识读是掌握数字电子技术的重要________。

2. 电路图主要有__________、____________、__________。

3. 读图的步骤为先读__________，再对照框图，解读____________，了解各单元电路的具体功能，弄清各逻辑部件的__________、__________及外围元件的作用，最后将各单元电路串接起来，进行整体________。

4. 数字钟电路由__________________、________、________、__________和校时电路组成。

5. 石英晶体振荡器产生的信号经过__________获得__________，秒信号送入计数器计数，“秒”“分”“时”计数器分别为________进制和__________进制的计数器。

二、判断题（正确的打“√”，错误的打“×”）

1. 数字电路中接入的控制信号均是低电平有效。（　　）

2. 数字电路中，当信号分离为两个或两个以上信号进行分析时，可同时分析这些信号的流向。（　　）

3. 数字电路同模拟电路一样，同一根线只能单向传输信号。（　　）

4. 在数字系统中可能既有数字信号又有模拟信号，读图时一定要注意它们之间的相互转换关系。（　　）

5. 石英晶体振荡器可产生 32 768 Hz 的高频信号。（　　）

三、综合题

1. 现代城市广告灯大多数只在夜间 24：00 以前起宣传作用，广告灯光定时器能在傍晚渐黑时自动接通广告灯牌的电源并开始倒计时，待 4 ~ 6 小时后于夜间 24：00 自动切断电源，从而起到全自动控制的节电功效。图 7 - 1 所示为光控定时广告灯电路，试说明电路的组成部分并分析其工作原理。

MG44—03
RL
R1
200 kΩ
RP1
220 kΩ
C1
100 μF
4
8
2
6
IC1
555
3
1
5
C2
0.01 μF
C3
47 μF
C4
0.68 μF
R2
15 kΩ
C5
0.39 μF
S
R3 1 MΩ
R4
2 MΩ
R5 5.1 MΩ
16
9
10
11
12
IC2
CD4060
Q14
3
8
VD2
1N4148
R6 30 kΩ
VT1
9015
R7
510 Ω
VTH
RVMYG471
U
C6
470 μF
VD1
IN4007
C7
0.68 μF
R8
470 kΩ
VS
9 V
~220 V

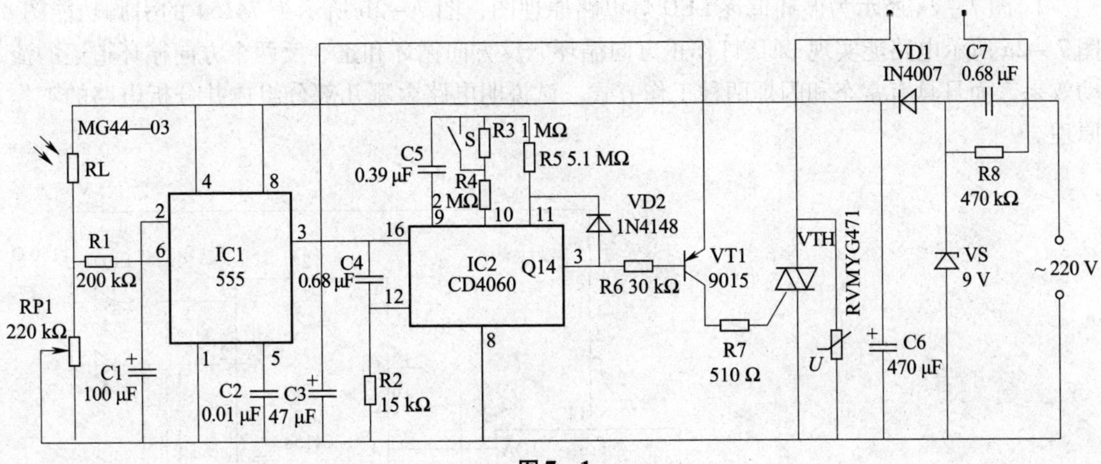

图 7－1

2. 图 7－2a 所示为循环追逐 LED 灯电路原理图，图 7－2b 所示为 74154 的引脚功能图。图 7－2a 所示电路能实现 LED 灯作正方向循环、反方向循环和正、反两个方向循环追逐的流动效果，而且具有常态和闪烁两种工作方式。试说明电路由哪几部分组成并分析电路的工作原理。

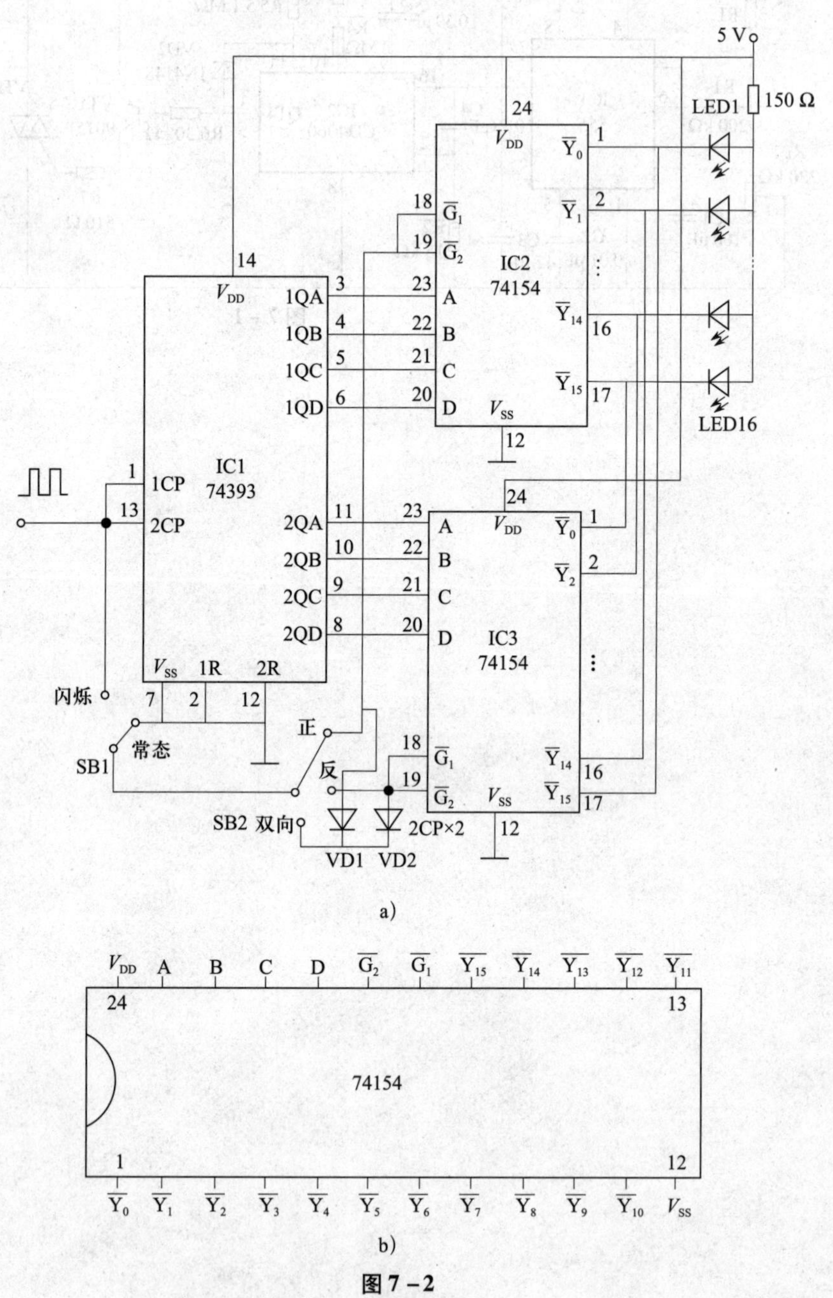

图 7－2

3. 图 7－3 所示为数显记忆式门铃原理电路。该门铃能对访客次数进行记录，并通过数码管显示出来。当主人外出时，按下记忆功能开关，门铃计数功能启动，为节约电源，平时电路只计数不显示，需要了解访客次数时，按下显示按键，数码管显示访客次数；当主人在家时，断开门铃计数电路电源，计数器不工作，只作普通电子门铃使用。试说明电路由哪几部分组成并分析电路的工作原理（其中，IC1 是集成门铃电路 KD253B，电路内储存有“叮咚”声）。

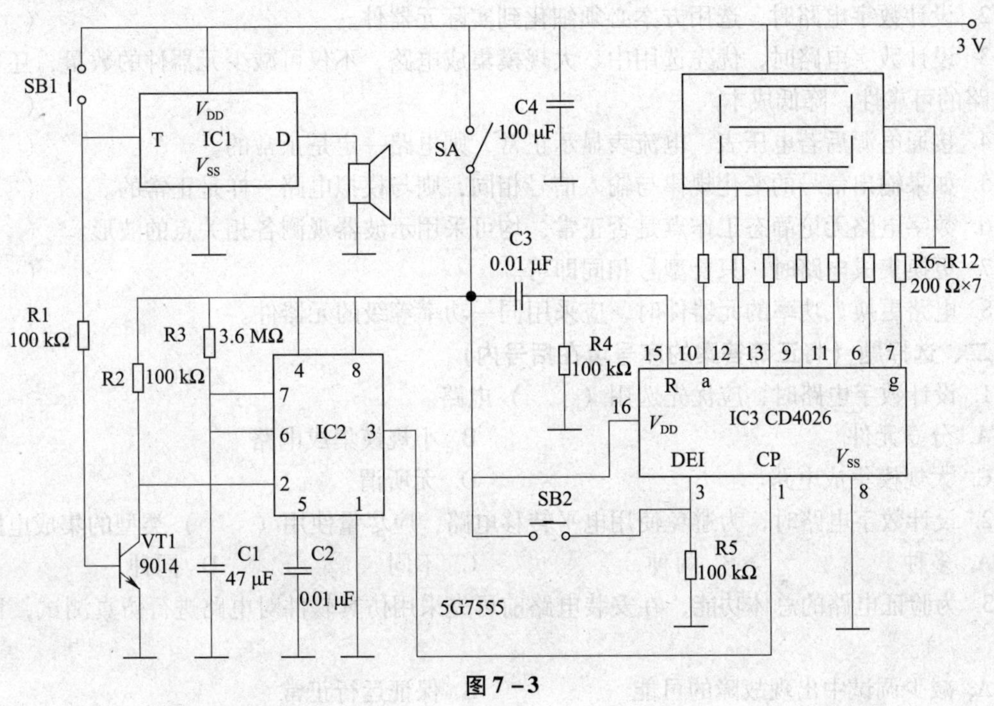

图 7－3

§7－2 数字电路的设计与制作

一、判断题（正确的打“√”，错误的打“×”）

1. 设计数字电路时，同一课题只能有一种设计方案。（ ）

2. 设计数字电路时，选用方案必须细化到实际元器件。（ ）

3. 设计数字电路时，优先选用中、大规模集成电路，不仅可减少元器件的数量，还可提高电路的可靠性，降低成本。（ ）

4. 接通电源后若电压表、电流表显示正常，则电路一定是正常的。（ ）

5. 如果输出信号的变化规律与输入信号相同，则与模拟电路一样是正常的。（ ）

6. 数字电路无论静态工作点是否正常，均可采用示波器观测各相关点的波形。（ ）

7. 更换集成电路时，只要型号相同即可。（ ）

8. 电路更换大功率的元器件时，应采用同一功率等级的元器件。（ ）

二、选择题（将正确答案的序号填在括号内）

1. 设计数字电路时，应优先选用（ ）电路。

A. 分立元件　　B. 小规模集成电路
C. 大规模集成电路　　D. 无所谓

2. 设计数字电路时，为避免使用电平转移电路，应尽量使用（ ）类型的集成电路。

A. 多种　　B. 两种　　C. 不同　　D. 同种

3. 为验证电路的总体功能，在安装电路前可先采用仿真软件对电路进行仿真测试，目的是（ ）。

A. 减少调试中出现故障的可能　　B. 保证运行正常
C. 增加调试过程出现故障的可能　　D. 观测电路的工作波形

4. 在产品调试阶段，数字电路可采用（ ）安装。

A. 焊接方式　　B. 接插方式
C. 只可采用焊接方式不可采用接插方式　　D. 无所谓

5. 安装数字电路时，不同的传输线采用不同的颜色，通常信号线采用（ ）。

A. 红色　　B. 白色　　C. 黑色　　D. 黄色

6. 实验箱采用锁紧式接插件，当改插或撤线时，（ ）插头。

A. 直接拔出　　B. 旋转拔出
C. 向下按一下，再拔出　　D. 向右旋转才能拔出

7. 在检查计数器工作是否正常的方法中，（ ）法最有效。

A. 示波器　　B. 逻辑笔
C. 通过译码器驱动数码管　　D. 频率计

8. （多选）如果输入信号无论如何变化，输出一直保持高电平不变，可能的原因是（ ）。

A. 被测集成电路的地线接触不良　　B. 输出端与电源相连
C. 被测集成电路未接地　　D. 输出端接地

9. 在线测量电阻元件的阻值，则测量值（　　）。

A. 增大　　B. 减小　　C. 相等　　D. 不影响

三、综合题

请用中、小规模的 TTL 组件设计一个能显示时、分、秒的数字电子计时器，要求计时器具有校时功能。